管理科学与工程

YUNSHEJI ZIYUAN SHENGTAIHUA GUANLI JISHU

云设计资源生态化管理技术

黄柯鑫 著

西北工业大学出版社

【内容简介】 本书利用生态学原理和方法解决云设计环境下云设计资源虚拟化、云设计资源识别和云设计资源取用等云设计资源管理问题。重点提出了云设计资源生态化管理框架,构建了云设计资源生态化模型,云设计资源测度模型,以及基于生态位的云设计资源取用。

本书旨在为从事资源管理,特别是产品设计资源管理工作的读者提供一定的参考,以及在"互联网+"背景下为企业资源管理的应用提供借鉴。

图书在版编目(CIP)数据

云设计资源生态化管理技术/黄柯鑫著 . —西安:西北工业大学出版社,2016.1
ISBN 978 - 7 - 5612 - 4729 - 7

Ⅰ.①云… Ⅱ.①黄… Ⅲ.①计算机网络—资源管理 Ⅳ.①TP393

中国版本图书馆 CIP 数据核字(2016)第 029011 号

出版发行:西北工业大学出版社
通信地址:西安市友谊西路 127 号   邮编:710072
电　　话:(029)88493844 88491757
网　　址:www.nwpup.com
印 刷 者:兴平市博闻印务有限公司
开　　本:727 mm×960 mm   1/16
印　　张:8.375
字　　数:146 千字
版　　次:2016 年 1 月第 1 版   2016 年 1 月第 1 次印刷
定　　价:28.00 元

前　　言

　　产品设计是产品生命周期的开始阶段,对产品的交货期、质量和成本起决定作用。由于企业内部的设计资源可利用类型较少且数量有限,因此为了提升企业的竞争力,越来越多的企业借助外部设计资源以应对复杂的环境变化,期望以更短的时间、更低的费用提供满足客户需求的产品设计服务。随着信息化技术的发展,设计资源的网络化为更大范围的共享和利用设计资源成为可能,协同设计、网络化设计等管理模式,以及云计算(cloud computing)思想和技术的发展和应用,云制造(cloud manufacture)管理模式的探索,使得产品设计与制造模式发生了很大变化,云设计(cloud design)逐步成为企业获取并利用外部资源开展产品设计活动的有效手段,也为外部设计资源的更大程度增值提供途径。

　　云设计作为云制造的重要前题部分,其为设计资源更大范围的共享和灵活、高质低耗利用提供新的管理模式,并为实现提升产品设计服务质量,降低产品设计费用提供途径。但云设计资源种类与数量丰富、功能差异大且分布分散,用户对外部资源的了解程度有限,使得对设计资源管理的复杂程度大大增加,导致用户难以准确识别,在设计资源配置过程中易低能高就或高能低就,使得取用不合理。因此如何为设计任务提供合适的设计资源以满足设计任务的要求和设计资源最大化增值预期,亟需研究云设计环境下云设计资源有效虚拟化、准确识别和合理取用方法。生态系统中的生物也具有分散性、多样性、高度自治、动态变化、相互间高度协同等特点,其为了生存形成相应的生态结构和生态关系而聚集在一起,与无机环境共同构成生物圈,及时进行信息交换、物质交换和能量交换。在一定限制条件下生物表现出来的能力不同,并且在捕食猎物过程中利用"适者生存"法则优化捕食方式,提升捕食效率,实现生态系统整体有序和动态变化,具有自组织、自调节的特点,因而成为自然界高质、高效地捕获猎物的典范,其原理和方法被广泛应用,形成了企业生态学等。设计资源广泛分布于网络中,设计资源满足任务能力程度各有差异,资源提供者依提供资源而获益,设计资源间将会呈现类似生态系统中存在的生态关系去获取(捕食)设计任务,因此借鉴生态学原理建立类似生态系统的云设计资源系统,并在此系统中发挥生态系统的功能进行设计资源的管理,将会更有效地提升设计资源的识别和取用效率。

生态学原理和方法为解决云设计资源管理提供了途径,本书在云制造基础上,建立了基于生态学的云设计资源管理理论和方法。研究围绕云设计环境下云设计资源虚拟化、云设计资源识别和云设计资源取用等问题,从云设计资源生态化管理运行原理及框架、云设计资源生态化模型、云设计资源生态位测度和云设计资源取用方法等方面展开研究,主要研究内容如下:

首先,对云设计资源进行定义,并分析云设计资源的构成及其生态系统特征,在此基础上,提出云设计资源生态化管理原理,建立由云设计资源生态系统层、云设计资源生态位测度层和云设计资源取用层的云设计资源生态化管理框架模型,分析云设计资源生态化管理关键技术。

其次,针对云设计资源生态化模型,按生态系统构成和生态系统中生态结构和生态关系,明确云设计资源生态系统中的成分与角色的对应关系;分别从层次结构、形态结构和营养结构三个维度建立云设计资源生态系统的生态结构模型;分别从捕食、竞争、互利和协同进化描述云设计资源间的生态关系;构建云设计资源生态系统的总体模型,并分析云设计资源系统的功能和特性。

然后,为了识别云设计资源引入生态位概念,在分析云设计资源生态位的"态"和"势"属性的基础上,利用因子分析法提取反映云设计资源生态位"态"和"势"属性的 6 个生态因子,并将 6 个生态因子分为反映设计资源"态"属性的生存力、反映设计资源"态"和"势"交界面属性的执行力和反映"势"属性的竞争力三个层次,构建云设计资源生态位模型;构建基于 Simth 生态位宽度测度模型的云设计资源生态位宽度测度模型,提出云设计资源生态位测度方法,并进行实例应用与验证。

最后,针对云设计资源取用问题,提出基于生态关系的云设计资源取用方法。依据云设计资源生态位相互影响而定义设计资源间关系优化的不同类型;结合云设计资源生态位测度值,应用 Logistic 模型、Lotka - Volterra 模型和 Tilman 资源竞争模型分别建立了单设计任务单设计资源、单设计任务多设计资源、多设计任务并行下设计资源的云设计资源取用模型,通过计算云设计资源取用平衡点和稳定性来判断资源间的取用关系和取用结果,并分别进行实例应用和验证。

云设计资源管理是管理网络化资源的复杂问题之一,需要云计算、云制造、协同设计、网络化设计等多个领域的理论与技术的支持。尽管本书从提供可随时获取的、按需使用的设计服务目标出发,在云设计资源描述、云设计资源差异性测度和云设计资源取用等方面开展了一定的工作,但云设计资源种类丰富、数量众多,使得云设计资源系统复杂性较高,在云设计资源管理过程中面临诸多难点,为达到提升设计资源的使用效率、提高设计服务效率的目的,仍需要进一步开展大量的理论与技术研究工作。

同时感谢同淑荣教授、欧立雄教授、秦现生教授为本书编写提供的指导和帮助。

编　者

2015 年 9 月

目　　录

第1章 云设计资源概述

1.1 资源理论及资源管理

1.1.1 资源理论

《辞海》对资源的解释是:"资财的来源,一般指天然的财源,一国或一定地区拥有的物力、财力、人力等物质要素的总称。分为自然资源和社会资源两大类,前者如阳光、空气、水、土地、森林、动物、矿产等;后者包括人力资源、信息资源以及劳动创造的物质财富。"资源是一切活动创造价值的源泉,战略资源论学者认为企业是由资源构成的,企业资源是企业竞争优势的来源,是造成企业间业绩差异的主要因素,因此从企业角度来分析资源理论具有代表性。企业资源理论来源于 Penrose,他主张从企业内部因素来考察企业竞争优势。由于研究问题、理论背景和研究方法上的差异,企业资源理论从最早的企业资源观不断丰富和发展到以资源观、能力观和知识观三大分支为核心的企业资源理论体系。企业资源观主要代表 Penrose 在《企业成长理论》中将企业看成是资源集合,企业就其所拥有的资源来说是异质的,企业资源影响企业绩效。Lippman 与 Rumelt 指出如果企业无法有效模仿或复制出优势企业产生特殊能力的资源,企业之间的效率差异将一直持续下去。Wernerfelt 首先提出了"资源观"一词,认为企业在生产和经营中开发独特资源不仅是企业获得持续竞争优势的潜在源泉,也是获得高于正常水平收益的来源。随后 Barney,Grant,Amlt,Peteraf 等众多学者为资源基础理论的发展做出了重要贡献。企业资源观没有对资源和能力加以特别的区分,而后来学者们发现并非所有资源都可以成为企业竞争优势或高额利润率的源泉,因为在竞争较充分的市场上,很多资源是可以通过市场交易获得的,只有隐藏在资源背后的企业配置、开发、保护、使用和整合资源能力才是企业竞争优势的深层来源,由此产生了以能力为基础的企业观(competence based view)。

对于企业能力观,Prahalad 与 Hamel 提出了"核心能力(core competeneies)"的概念,即"组织中的积累性学识,特别是关于如何协调不同的生产技能和整合多种技术流派的学识"。和物质资本不同,企业的核心能力不仅不会在使用和共享中丧失，而且会在这一过程中不断成长，它是企业可持续竞争优势与新事业发展的源泉。Leonard Barton 采用核心能力的概念对企业产品开发进行了研究，她把核心能力定义为使企业独具特色并为企业带来竞争优势的知识集合，具体体现为雇员的知识和技能、技术系统、管理系统、价值观和行为规范四个方面。为了应对越来越快的环境变化，企业必须建立动态能力。Nelson 提出了"动态企业能力"的概念，企业能力及企业核心能力的研究，不应仅局限于技术，而应更多地关注组织和组织制度的研究。

企业知识观认为企业所拥有的知识才是企业竞争优势的决定性因素。企业的竞争优势无疑来自于企业内部，来自于企业配置和开发其资源的能力。但决定企业具有这种能力的却是企业自身所拥有的知识状况。正是企业拥有的知识积累及创新程度，决定了企业配置资源、适应市场的能力状况。企业是知识的集合体。企业间能力差异的根源是企业所拥有的知识积累及结构的差异。Grant 在总结以往关于企业内部知识的研究后提出了企业知识观的框架，认为"知识观是许多研究流派的融合，其中最突出的是资源观和认识论"，"就其对于增加值的贡献和其战略重要性而言，知识是最重要的生产性资源"，并进一步指出"知识观提供了对能力（capabilities）的微观结构的新认识，即能力是个体专家知识基于团队的整合。

从企业资源理论来看，资源的范畴已经发生了很大的变化，对资源的认识已经不再局限于企业拥有的有形资源，还包括无形资源，即知识和能力等，这为企业资源构成提供了基础，但其都局限在企业的内部。为了在激烈的竞争环境中生存，企业越来越关注外部资源，不单强调企业自身所拥有的资源，更强调对内外部资源的可支配或利用。

随着信息化技术迅速发展，在全球一体化的背景下，市场竞争日趋激烈，特别是制造企业，众多中小企业普遍存在资金短缺、人才匮乏和技术落后等问题，生存困境日益突出，而中小企业在推动经济增长、创造就业机会和促进产业优化调整等方面又都起着举足轻重的作用，迫切需要增强中小企业外部资源整合和内外部产业链协作的能力，降低产品设计和制造成本，提升市场综合竞争力。当前制造业信息化发展趋势是在"集成化、协同化、网络化"基础上，"敏捷化、服务化、绿色化"及知识/技术创新正成为企业提升核心竞争力的关注焦点，因此以应用服务提供商（Application Service Provider，ASP）、制造网格（MGrid）、敏捷制造、全球化制造（global manufacturing）、云制造等为代表的网络化模式成为企业为应对知识经济和制造全球化的挑战而实施的、以快速响应市场需求和提高企业竞争力为主要目标的先进制造模式,突破空间地域对企业生产经营范围和方式的约束,以实现企业间的协同和各种社会资源的共享与集成,高效、高质量、低成本地为市场提供所需的产品和服务。由于企业资源范畴延伸以及企业为提升竞争能力过程中对外部资源的利用程度越来越高,对资源管理的复杂性程度大幅增加,因此对资源管理提出了更高的要求。

1.1.2 资源管理

传统的企业管理过程中资源管理范围局限在企业内部所拥有的资源,存在的形式也以单个资源方式,以物或信息形式固属于单个企业,被调配和管理的范围在企业内部各单位间,对资源描述功能单一、语义狭窄,缺乏柔性和灵活性;而在网络化配置过程中资源管理范围是企业可支配或利用的内外部资源总和,以信息形式存在于企业和网络环境中,其可来源于企业、区域、全国、世界,具有多层次、动态、统一的特点和灵活性,其资源种类丰富、数量众多、功能各异,具有较高的动态特性。

1. 资源描述

资源描述是描述资源属性及资源间关系并将资源虚拟化,作为资源识别与取用的基础。在网络化环境下资源描述的核心问题是选取资源描述语言、确定资源描述语义与资源虚拟化实现技术,其解决的是将资源多样性、异构性等问题,通过将资源虚拟化后进行部署。常见的资源描述语言有资源描述语言(Resource Specification Language,RSL)、Web 服务描述语言(Web Service Description Language,WSDL)和资源描述框架(Resource Description Framework,RDF)等,由于 RSL 面向计算资源与资源请求,其通用性与扩展性不强,而 WSDL 面向 Web 服务,不支持资源的语义描述且已有的描述协议与技术有限;RDF 定义了资源描述"资源、属性、属性值"的语法结构,这种结构不定义任何语义或规则,可由用户自定义所需的词汇表,且便于描述多种资源的综合,具有很好地通用性与综合性。RDF 是主流的网络资源描述语言标准,能够很好地满足多样性资源描述需求。资源描述语义建模是基于语义的资源描述框架发挥效用的关键,也是实现异构性、多样性资源虚拟化的关键。

学者从制造资源、网络化资源共享与云计算等多个领域深入研究了资源描述语义建模。针对资源多样性、自主性带来的访问方式不一致问题,学者深入研究了资源虚拟化模型与方法,提出了具备环境动态感知和自主行为决策特征的自主元素资源抽象模型。还有学者在面向服务链构建的云制造资源集成共享技术的基础上提出了可用于公共云与私有云中的虚拟设施资源管理系统 penNebula 与 Haizea,以及异构网格环境下基于政策的物理资源虚拟化建模,强调了工作流需求、可用能力与治理政策对物理资源的控制,基于时空环境的资源槽(resource slot)来描述网格资源的开始时间、持续时间、资源可用性与其他性能参数。资源虚拟化实现技术通过物理感知设备,结合资源描述语言规定的资源语义建模,解除了物理资源与资源应用之间的紧耦合,实现了资源的识别、交流与协作,通过虚拟化技术可以提高资源的利用率,并能够根据用户业务需求的变化,快速、灵活地进行资源部署。物联网通过 RFID、条码、二维码等信息传感设备及互联网系统将资源或服务虚拟化为信息网络,从而实现资源的感知、识别、沟通与管理,信息物理融合系统在物联网的基础上强调物理资源网络的反馈控制,两者的融合为实现资源虚拟化以及资源协同与共享提供了支撑技术,应用较为广泛的虚拟机管理器(Virtual Machine Monitor,VMM)也是计算资源虚拟化的典型技术。

现有研究除了将制造资源纳入到共享平台,也将制造任务纳入到共享平台,所建立的模型主要针对资源本身的描述,虽然不仅强调语法实现数据信息访问和传输,还侧重于语义实现近似资源的挖掘和检索,但因已有的系统架构、资源描述语义建模难以体现资源整体及资源间的分布结构,比如层次性、数量特征、资源老化程度、资源成长性等要求,不能很好实现网络化平台动态性和开放性等需求,不利于实现最优的资源识别和取用。

2.资源识别

资源识别是认识资源,掌握资源的状态,实现资源取用的关键。资源识别是伴随资源发现过程而实现的。最早在网络资源领域对资源发现进行研究,国内外学者提出了包括 WHOIS,X.500,archie,Prospero,Wide Area Information Server,Knowbots,Netfind,Internet Gopher 等网络资源发现方法。随着网络资源数量增多与动态性增强,有学者提出了基于应用属性的静态资源分割技术、资源属性分层发现技术等。Soumen 等面向分布式超文本资源发现提出了目标导向的网络资源发现技术。这些面向网络资源的发现方法为异构性、分布式资源识别研究奠定了基础。

国内外很多学者已经对网络化制造和网格制造资源发现和识别问题进行了研究,Konstantinos 等提出基于 Rerouting Tables 的网格资源发现技术;Sanya 等提出一种基于生存时间的网格资源发现预留算法,采用分布式和集中式相结合的机制,在基于网格的多对多服务模型下进行资源发现;王国庆提出网络化制造环境下资源定义、任务定义和面向任务模型资源匹配的资源发现过程。López - Ortega 等人以 STEP 标准来解决制造数据的共享和交换，在制造规划及执行活动中需要在制造单元中交换制造数据，由此提出了在制造规划和执行活动中使用的一种数据表达模型，作为数据定义的规范化语言以及计算机辅助应用中所遵循的约束条件，采用基于 STEP 标准的信息系统来实现各种应用和资源的高度集成和互操作，以实现资源发现。Mast Roianni 等采用了超级节点模型设计基于 P2P 的网格信息服务。超级节点模型最开始提出是为了在集中式搜索的高效与分布式搜索的自治、负载均衡和容错性之间达到平衡。Carlo 等提出了基于 P2P 技术的大规模网格超级节点资源发现服务模型，超级节点将分散在不同组织的网格资源集中在节点周围并承担了资源成员管理与资源发现服务响应功能。Marzolla 等提出了基于路由索引的网格资源发现系统，同时提出了基于 P2P 的分布式发现机制，以及基于 UDDI 的集中式发现机制。Castano 等基于本体提出的 H 语义匹配算法建立了概念匹配、概念属性匹配与深度匹配算法，实现了对异构性、分布式资源的有效发现。朱辰提出一种基于资源类型的非集中式网格资源发现方法，将注册有同类资源的网格信息节点组织在一起形成社区，资源发现请求的转发以及资源信息的扩散都被限制在相应的社区内，从而改善了资源发现的性能。

现有资源发现研究侧重于从众多的网络化资源中通过资源过去的积累是否满足任务的需求而识别资源，缺乏对资源预期完成任务过程中对环境的现实影响力，以及资源提供者的对资源增值等的预期目标，导致资源在完成任务过程中不能很好地实现用户的需求目标。

3. 资源取用

资源合理取用是根据一定的资源使用规则，在不同资源使用者之间进行资源调整的过程，是实现网络化环境下高效低耗地向客户提供服务，体现按需使用服务的重要保障，因此对资源取用有效性研究成为关注的重点。基于租借理论提出了面向 SaaS 平台的资源配置策略，通过隔离租户、负载平衡与资源实例调配等策略解决了 SaaS 平台中云计算资源的过度与不足分配问题。袁文成针对如何有效地管理虚拟资源，使其使用率最大化并保证用户对资源使用的有效性，通过对虚拟资源的划分、预留及调度策略，为用户提供有效的服务。基于云计算虚拟化技术，孙瑞锋提出了一种租借理论和动态多级资源池相结合的资源调度策略，以及 D. M. Blei 提出的基于连续双向拍卖框架的网格资源分配策略，连续双向拍卖框架下基于纳什均衡的云资源分配策略，可以有效减少资源空闲时间，提高资源的利用率。Weiyu Lin 等提出了次优价格拍卖机制解决云环境下的动态资源配置问题,该机制可以获得合理利润与配置效率的最优平衡。BoAn 等基于自动协商机制提出了云计算资源动态配置方法,作为拍卖机制的替代机制,其强调对合同价格与违约惩罚的自动协商。法国 Jean‐Marc Menaud 和 Hien Nguyen Van 等针对云计算中虚拟资源的管理提出动态调度方法,其主要讨论如何为应用选择合适的虚拟机和为虚拟机选择合适的物理计算机的问题,并把这些调度问题转化为约束满足问题,以获得优化调度结果。Fabien Hermenier 等人针对如何分配和迁移虚拟机到物理主机的问题进行了研究,并在考虑重配置计算时间和虚拟机迁移时间两个因素情况下,提出优化总的动态调度时间的资源管理方法 Entropy;他们基于博弈论提出了云计算服务资源二阶段配置算法,第一阶段采用二元整数规划算法求解单一资源需求下的最有配置策略,第二阶段则加入公平因素求得可行解范围内的纳什均衡。Jiayin Li 等面向云系统的强占性请求环境提出了多请求并行的适应性资源配置算法。Linlin Wu 等面向降低 SaaS 平台资源成本与服务层协议违约成本提出了云计算资源动态分享算法。Anton 等则面向云计算环境下运营成本高与环境影响大等问题提出了基于"现收现付"机制的资源导向的云计算资源配置算法。

从现有研究看,对资源的取用侧重于通过动态管理减少资源的等待时间,以及通过拍卖方式引入竞争机制等方式提升资源的使用效率,但资源的分配是被动的,未能有效地发挥资源的能动性,资源的适应性较差。

1.2　云制造资源管理

1.2.1　云制造概述

1. 云制造定义

近些年"任何地方开展设计,任何地方开展制造(DAMA)"的理念已经出现,其借助云计算的思想实现敏捷的制造,因此出现了网络化制造(networked manufacturing,也被称为基于网络的制造(internet-based manufacturing)或分布式制造(distributed manufacturing))的概念。但是网络化制造主要是指将分散的资源整合起来用于完成单项任务。这一概念缺乏对服务的集中式管理、不同运营模式的选择以及制造资源与设备的嵌入式获取,这会导致制造资源的无缝、稳定、高质量的交易得不到保证。在分布式制造环境下,资源提供者与需求者之间几乎没有协调。因此,采用网络化制造的概念会造成低效率。为更好地利用和管理好网络化资源,云制造(cloud manufacture)、网络化制造、制造网格模式作为支持协同设计的网络化资源管理方法得以应用,其特点见表1-1。

表1-1 典型的网络化资源管理模式特点比较

特点\模式	网络化制造模式	制造网格模式	云制造模式
资源管理目的	实现资源共享和协同工作	实现资源共享和协同工作	实现资源共享、协同工作和资源增效
平台开放性	约束条件多,开放性差	开放性较好	高度开放
可扩展性	需要大量的客户化工作,很难扩展	只要遵循一定的规范将资源封装为服务,即可加入	一切能封装和虚拟化,具可为制造云服务的资源均可加入
协作范围	有限企业	范围较广	范围最广
资源种类及数据	种类较少,数据较少	种类较多,数据量大	种类丰富,海量数据
费用	成本加运营费用	运营费用	运营费用
需求响应	定制化	动态配置	动态配置,按需使用
技术支持	没有统一技术	Service,封装技术,ASP,Globus	Service、云计算、物联网、虚拟化等
系统平台	没有统一平台	统一的网格平台	统一的云制造服务平台
实施时间	实施周期长	快速部署实施	快速部署实施
使用方式	单租户(一对一)	多租户(多对一)	多租户(多对一)
用户参与度	用户参与度小	用户参与度较高	参与度高,渗透到制造全生命周期每一个环节

通过比较可知,云制造是网络化制造、虚拟制造、制造网格、应用服务提供商(ASP)、敏捷制造等先进制造模式在云计算环境下的变异和发展,它继承了各种先

进制造模式优势,同时又结合云计算特点,弥补了现存的缺陷和不足,具有明显的优势。

云制造目前还没有形成统一定义,国内主要由李伯虎院士在云计算的定义基础上提出云制造的定义,国外学者也提出了从云计算到云制造的概念,仿照 NIST 对云计算的定义,云制造可以定义为"使普遍的、便捷的、按需配置的网络能够以最少的管理努力和最少的与服务提供者的互动来从共享资源池中获取配置的资源(例如制造软件工具、制造设备和制造能力)的模式"。李伯虎院士在云计算的定义基础上提出云制造的定义为"一种利用网络和云制造服务平台,按用户需求组织网上制造资源(制造云),为用户提供各类按需制造服务的一种网络化制造新模式,作为一种面向服务的、高效低耗和基于知识的网络化智能制造新模式,可以通过网络为制造全生命周期过程提供可随时获取的、按需使用的、安全可靠的、优质廉价的各类制造活动服务。"

2. 云制造资源

随着科技的发展,利用云计算的思想和技术为网络化资源管理提供了一种思路。云计算通过虚拟化(virtualization)技术整合使用大量的虚拟资源,云计算研究重点是通过虚拟化技术屏蔽计算资源的异构性,并对虚拟化的计算和存储资源池进行动态部署、动态分配/重分配,从而向用户提供满足 QoS 要求的计算服务、数据存储服务以及平台服务。基于云计算思想,从产品生命周期的角度提出云制造作为一种制造服务,有其自身的生命周期,包含以下几个阶段:制造资源(能力)的定义、制造资源(能力)的提供、制造任务的订购、生产制造及配送、制造任务的撤销。

对于云制造资源的构成,L. Wu 与 Zhang. L. J. 提出在云计算环境中,从云计算服务系统分解角度可以将云计算资源划分为四类:设备资源(infrastructure resource)、软件资源(software resource)、应用资源(application resource)与商业流程(business process)。Zhang. L. J 等进一步解释了上述分类,其中设备资源是指计算能力、存储器与共享接口等,软件资源是指云服务系统、应用服务器、数据库、设计平台、设计工具、测试工具与开源数据等,应用资源是指依托于云计算平台的各类应用程序与环境,商业流程是指用于资源重用、供给等商业应用外包活动。商业流程作为网络化协同开发的机制性作用越来越重要。Lilan Liu 等讨论了从制造网格资源的地理属性与目标需求角度对制造资源的分类,从地理属性角度分为本地制造资源与异地制造资源,从目标需求角度分为时间需求资源、质量需求资源、成本需求资源与服务需求资源。这种分类方式便于根据任务需求确定资源属性,但这种分类下某种资源往往具有多种属性而难以明确界定。基于资源的存在形式与使用方式将云制造资源划分为制造资源与制造能力;任磊等则按照存在的具体形式与使用途径的区别,将云制造资源划分为硬制造资源与软制造资源两类。

对于云制造的资源管理,顾新建认为由于涉及海量的信息和服务、大量的中小企业,需要利用成组技术帮助进行信息的编码化和条理化,产品的模块化、系列化和标准化,服务的集成化和标准化等,成组技术和 Web 2.0 技术结合将产生一些新的技术和方法,帮助实现制造资源的优化配置和优质服务。云制造对于供应商来说,需要解决相应的服务传递模式、服务质量、协同工作、容错管理、资源平衡等问题。但云制造的理念、技术与应用尚处于起步阶段,现有的研究集中在云制造体系结构、应用模式,并提出对资源的发现、智能化取用等问题的关注和研究方向,但还在逐步研究与探索中。

1.2.2 云制造运行原理

云制造技术将现有网络化制造和服务技术同云计算、云安全、高性能计算、物联网等技术融合,实现各类制造资源(制造硬设备、计算系统、软件、模型、数据、知识等)统一的、集中的智能化管理和经营,为制造全生命周期过程提供可随时获取的、按需使用的、安全可靠的、优质廉价的各类制造活动服务。云制造是一种通过实现制造资源和制造能力的流通,达到大规模收益、分散资源共享与协同的制造新模式,云制造的运行原理图如图 1-1 所示。

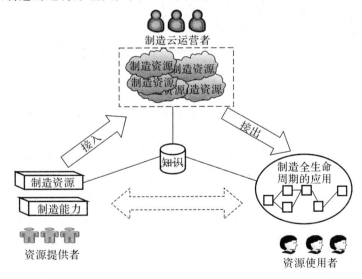

图 1-1 云制造运行原理

在云制造模式下根据资源的存在形式及使用方式的不同,又可分为制造资源和制造能力。制造云是制造云服务按照一定规则聚合后的产物,是云制造区别于传统网络化制造的关键之一。传统网络化制造也是通过虚拟化封装技术将物理分散的资源封装成服务,然后按照一定顺序组合起来共同完成一个复杂任务,但没有将这些服务聚合起来进行有效的运营管理。在云制造中,大量的云服务按照一定的规则聚合起来,形成一个大的云服务资源池,即制造云,从而为用户提供透明的、开放的、按需使用的云服务。云制造系统中资源、云服务、制造云的关系如图1-2所示。

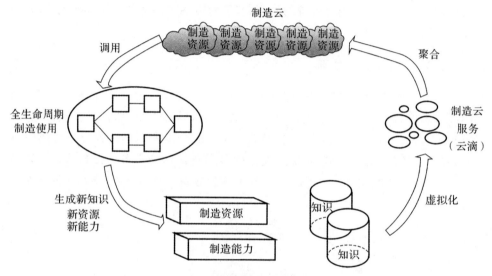

图1-2 云制造中资源、云服务、制造云的关系

从图1-1和图1-2可以看出,云制造系统中的用户角色主要有三种,即资源提供者、制造云运营者、资源使用者。资源提供者通过对产品全生命周期过程中的制造资源和制造能力进行感知、虚拟化接入,以服务的形式提供给第三方运营平台(制造云运营者);制造云运营者主要实现对云服务的高效管理、运营等,可根据资源使用者的应用请求,动态、灵活地为资源使用者提供服务;资源使用者能够在制造云运营平台的支持下,动态按需地使用各类应用服务(接出),并能实现多主体的协同交互。在制造云运行过程中,知识起着核心支撑作用,知识不仅能够为制造资源和制造能力的虚拟化接入和服务化封装提供支持,还能为实现基于云服务的高效管理和智能查找等功能提供支持。制造云服务及制造云的形成过程如下:

制造云服务简称云服务,是构成制造云的基本要素,是服务化的制造资源和制

造能力,可以通过网络为用户提供产品全生命周期应用。云服务形成过程,也就是资源的虚拟化、服务化过程,通过采用物联网、虚拟化等技术,首先对分散的资源进行感知,然后将资源虚拟接入到制造云平台,从而形成虚拟资源并聚集在一个能按需使用资源的虚拟资源池中,最终通过对虚拟资源进行服务化封装、发布及注册,形成云服务。与传统网络化制造模式中的资源服务相比,云服务具有互操作性、自组织、自适应性等特点,为构建基于知识的高效、智能化制造云平台提供了条件。

制造云是云制造系统架构的核心,是大量的云服务按一定的规则聚合在一起所形成的动态云服务中心,能透明地为用户提供可靠的、廉价的、按需使用的产品全生命周期应用服务。制造云通过将异构的资源整合到统一的基础架构中并实现标准化,为资源使用从独占方式转变为完全共享服务方式提供了平台支持,实现了以服务为导向的运行架构,提供了对云服务的自动部署、配置、高效管理等功能。

1.2.3 云制造关键技术

对于云制造运行过程(体系架构)和关键技术,不同的学者给出了不同的看法,见表1-2。

从现有对云制造的运行原理、体系结构和涉及的关键技术来看,在云制造模式下要实现云制造相关服务,其包含三个关键层次。

1. 制造虚拟服务层

制造资源是产品制造全生命周期中所需的各种物理要素的集合,是提供制造服务的基础。由于网络化制造资源所具有的特点,为了使资源能够为任务提供服务,需要解决资源的异构性和分散性等问题,形成云制造资源池,此资源池有两个功能:一是资源可以随便进入或离开,二是当有外部需求时可以随时取用。

2. 云制造的运行支持平台

云计算是一种基于互联网的计算新模式,通过云计算平台把大量的高度虚拟化的计算资源管理起来,组成一个大的资源池,用来统一提供服务,通过互联网上异构、自治的服务形式为个人和企业用户提供按需随时获取的计算服务。云计算的运营模式是由专用计算机和网络公司(即第三方服务运行商)来搭建计算机存储、计算服务中心,把资源虚拟化为"云"后集中存储起来,为用户提供各种服务。因此云制造服务的提供必须有相应运行支持平台,以提供相应的制造资源网络化支持。

表 1－2 云制造体系结构及关键技术

研究者	云制造体系结构	云制造涉及的关键技术
李伯虎、张霖等	• 物理资源层（P-Layer） • 云制造虚拟资源层（R-Layer） • 云制造核心服务层（S-Layer） • 应用接口层（A-Layer） • 云制造应用层（U-Layer）	• 模式、体系架构、标准和规范 • 云端化技术 • 云服务的综合管理技术 • 云制造安全技术 • 云制造业务管理模式与技术
张倩,齐德昱	• 资源层 • 协同支撑层 • 协同设计服务层 • 门户层（Portal 层）	• 面向服务架构 • 资源管理 • 资源服务智能匹配与组合 • 虚拟化技术 • 动态监测 • 冲突消解
范玉顺	• 基础层 • 应用与使能工具层 • 应用系统层	• 总体技术 • 基础技术 • 集成技术 • 应用实施技术
张霖,罗永亮等	• 资源层 • 资源感知层 • 资源虚拟接入层 • 制造云核心服务层 • 传输网络层 • 终端应用层	• 资源分类 • 资源虚拟化 • 虚拟资源服务化 • 云服务部署
陶飞、任磊等	• 制造资源 • 制造云服务 • 制造云	• 云服务组合建模、描述、一致性检查、可执行模型转换 • 云服务组合关联关系 • 云服务组合柔性管理
Xun Xu	• 制造资源层 • 制造虚拟服务层 • 全球服务层（企业需求） • 应用层（满足用户需求）	• 将制造资源虚拟化 • 识别制造资源 • 资源选择和配置优化方法 • 云资源的计价与计量 • 保护用户隐私

（1）基础设施服务（Infrastructure as a Service，IaaS）层。基础设施提供商（Infrastructure Providers，IPs）管理了大量的计算资源，例如存储和计算能力。IPs利用虚拟化技术实现了分割、动态调整资源的功能，能够为用户或者服务提供商提供指定规模的系统。为了保证服务的可靠性，IPs需要部署相应的软件以管理这些服务。

（2）平台服务（Platform as a Service，PaaS）层。PaaS是在云基础设施之上提供抽象层次的服务，即系统运行的软件平台，例如开发平台、商业部署和应用平台等，PaaS获取硬件资源的方式对于用户来说是透明的。平台服务提供商（Platform Providers，PPs）提供硬件、软件、操作系统、软件升级、安全以及其他应用程序托管等服务内容。

（3）软件服务（SaaS）层。SaaS的兴起要早于云计算，它是一种软件布局模型，其应用专为网络交付而设计，便于用户通过Internet托管、部署及接入，即厂商将应用软件统一部署在自己的服务器上，客户可以根据实际需求，通过互联网向厂商定购应用软件服务。

因此对于云制造模式基础设施服务层、平台服务层、软件服务层所提供的支持为云制造的运行提供了相应的平台，虚拟化的云制造资源借助三个服务平台的相关的软、硬件支持来计算、调配、组合和优化制造资源，提供资源的管理（聚合、识别、智能匹配、动态组合、容错管理）。

3.制造资源服务

云服务的形成过程即是云制造资源和能力服务化的过程。在云制造模式中，制造云服务除了包括云计算服务中的平台为服务、基础设施为服务、软件服务外，制造资源服务将云计算的三类服务作为云制造的运行平台，更关注的是制造资源和制造能力（如设计能力、加工生产能力、仿真与实验能力、维护能力和管理能力等）服务化后形成的制造资源服务和制造能力服务，包括论证为服务、设计为服务、生产加工为服务、实验为服务、仿真为服务、经营管理为服务、集成为服务等。为了满足上述的企业需求，必须使用一些关键技术，例如资源选择和配置优化方法，用于保证云制造服务的有效性；以及面向用户的应用层，应用层提供用户终端与计算机终端。界面是指复杂的系统建模工具、通用的模拟仿真终端以及新产品开发系统等。用户能够通过虚拟资源来定义和构建制造应用实例，在这些应用实例中通常通过综合运用制造资源来为客户提供相应增值服务。

1.3　设计资源及管理

1.3.1　设计资源

设计资源是支持设计活动实现的基础,是支持企业产品设计开发活动实现过程的实体(人或设备),是企业或部门设计能力的直接载体。一般设计资源研究领域,可以从狭义与广义两个角度理解设计资源的构成。从狭义角度看,设计资源是满足定义产品的直接构成要素。董建华将产品设计资源与设计数据、设计流程区别开来,将产品设计资源定义为构成最终的产品的零件、部件、组件与已有产品的分类树。从广义理解,设计资源是指能够用于定义产品的一切要素。在这种认识下,Reza 等提出设计资源包括人力、设备与技术,并强调了设计人员的工时资源的重要性。Shen 等从代理理论出发提出的设计资源代理包括设备代理与操作流程代理,这种分类应用于协同设计框架的资源实例化表述,具有一定的借鉴意义。Thomas 也提出除了设计所需的软硬件资源,良好的工作流程是协同设计发挥有效性的关键性资源。基于前人对产品设计的相关研究,Wang 等首先提出了面向设计资源重用的设计资源管理概念,并且提出设计知识、方法与产品几何数据是设计资源的主要构成,但并未对设计资源提出明确的分类框架。Regli 等讨论计算机协同设计环境下,设计资源环境常常由制造流程模型、工作过程与计划、设计历史与已有设计基础、设计师经验、设计文档与企业相关文件构成。William 从 PDM 系统角度提出产品设计过程中所需的应用软件、信息与流程都应看作定义一个产品的要素。从更高角度看,PDM 系统也应作为定义产品的资源之一,也包括数据(信息)、活动、人员、组织、工具和流程。PDM 是广为人知的设计资源管理系统,解决了大量设计图纸、CAD 文件等数据资源的发布、共享、更改等管理问题。随着网络化协同设计的发展,设计资源的范畴发生了变化,认为设计资源是设计人员长期积累的知识和宝贵经验,可以打破地域空间的限制,使不同层次、不同领域的用户或专家的设计知识和设计经验得到有效的集成和利用。因此,对于设计资源的认识,已从企业内的资源扩展到社会的资源,除了传统的设计资源外,设计能力、计算资源、知识资源等这些虚拟资源也作为设计资源。例如,Tong 等将设计知识分为3 类:领域知识、实体知识、控制知识,设计知识是指广泛共享的物理定律对某一领域公式化的规则、设计者的经验等。这种更加全面的认识观有助于从系统角度对产品设计资源的构成进行分类。从上述研究可以看出,国内外学者从广义角度对设计资源构成的理解更加符合云设计任务环境下对资源的需求。

1.3.2　设计资源管理

1. 设计资源的识别

设计资源的构成种类很多,很多学者从不同的维度对不同类型的设计资源进行识别,具体如下:

Jiangchang Lu 等基于"选留育用"构建的人力资源能力评价指标体系包括满足企业需求程度、岗位适应能力、成长性、行为规范性等指标。国际项目管理协会 IPMA 的项目管理知识体系 ICB(国际项目管理资质标准)对人员行为能力的评价指标包括承诺与动机(态度)、开放性、设计资源创造力可靠性等。Fang Qingwei 引入平衡计分卡研究人力资源绩效评价指标体系,提出基于资源产出(效益)、胜任资质、内部流程与学习成长性为基本原则的绩效考评标准。管关等针对船舶设计人员,采用模糊综合评价方法建立了进入设计团队的设计人员多维度评价指标,其包括设计人员素质指标(协作能力、学习能力、创造能力、执行能力、责任心等)、设计人员职位指标(经验、专业知识、工作环境等)、设计人员绩效指标(工作质量、工作时间、工作成本、工作成果、发展潜力等)。

Dickson 等将设计能力分为 5 类 16 种:基本设计能力(设计中对于产品的质量控制、设计中对于产品的可制造性的控制、设计中对于产品的成本控制、快速设计能力)、专业设计能力(设计过程中对于产品的成本估计能力、最新 CAD 工具的运用能力、设计过程中的新产品试制能力、找到高水平设计人员的能力)、结合客户和供应商的能力(和客户结合的能力、和供应商结合的能力、获取客户设计创意的能力)、管理变革的能力(改变传统行为方式的能力、重组企业资源的能力、改变现有设计流程顺序的能力)、创新管理能力(获取外部设计创意的能力、快速发现竞争对手创新和模仿的能力)。Perks 等认为设计具有设计本身(包括制造设计、可视化设计、原型设计、美学判断等)、整合(主要是与市场和制造整合)、领导(包括团队组织、市场和技术研究、制造环节的产品质量监督、商业模式分析等)3 个层次的作用。Z. Ren 等提出了客户需求满足程度、信息共享水平、质量达标率、问题解决效率、客户接受程度、跨领域学习等多个角度评价工程建设项目协同设计能力。陈卫东等提出了关于供应商协同设计能力的评价指标体系,包括对产品概念与功能设计的支持能力、对产品结构化设计与工程的支持能力、对过程设计与工程的支持能力等三个方面。

Betsy Richmond(1991)提出了评价网络信息资源的原则,即:内容(Content)、可信度(Credibility)、版权(Copyright)、连贯性(Continuity)、可连续性(Connectivity)、可比性(Comparablity)和范围(Context)等。Alastair G. Smith 提

出了信息资源评价标准。包括范围、准确性、新颖性、独特性、权威性、用户评价、人机设计水平、可操作性与成本几个方面,与 Betsy 的研究具有相似的结论。David Stoker 和 Alison Cooke 也提出了网络信息资源评价的八项标准:权威性、信息来源、范围、文本格式、信息组织方式、技术因素、价格与可获得性、用户支持系统。同时,他们认为同行评价是检验网络信息资源是否有效的重要尺度。马海群构建出含有 16 个评价指标的网络信息资源评价指标体系,包括信息资源的权威性、连续稳定性、可获性、时效性、创新性等。由上述可见,对网络信息资源评价的指标主要集中在信息范围(信息的广度与深度)、可获得性、信息格式设计、价格、连续稳定性这几个方面。其中信息范围解释了网络信息资源的服务范围,可获得性解释了网络信息资源获得渠道的畅通程度,信息格式解释了网络信息资源满足需求的能力,连续稳定性则反映了网络信息资源提供服务的持续性水平。

Semih 等提出了网络化制造环境中能源资源的评价准则,分别为经济性、可获得性、环境影响力、竞争程度。郑立斌等在网络化制造环境中,针对分布在不同地域的制造资源评价和选择问题,建立了制造资源评价指标体,包括制造资源的总体满意度、时间(设备状况、工人技术等级、交货及时等)、质量(企业信誉、性价比等)、成本(标价等)、服务(合同履行履等)。李惠林提出面向网络化制造的制造资源评价指标体系,主要包括时间、质量、成本、服务、敏捷性、领先性。其中敏捷性由制造工人技术等级、售后服务网点、生产批量变更能力与对需求的响应能力解释;领先性则由工艺能力、设备先进度、质量保证体系、售后服务网点、服务人员技术与同步开发能力决定。对功能的关注体现了制造资源的基本定位,而信誉则体现了制造资源历史积累形成的市场名望,这在网络化制造乃至网络化设计资源评价中都十分重要。

2.设计资源管理方法

Fujun Wang 等基于 PDM 技术、设计原理获取与知识库技术,首次提出了设计资源管理的概念模型。设计资源管理过程中资源配置以及解决资源冲突问题一直是其研究的重点,协同设计、并行设计是其研究的指导思想。Egwalla 等从定性的角度阐明了资源共享和实施并行工程是解决资源配置的有效途径,提出了一种交叉式的冲突起因分类方法,并提出通过知识的共享和交换来消除协同设计过程中的冲突,其核心是通过共享多种、异地产品设计资源协作共同完成,但均没有给出具体定量模式的解决方法。那么从定量的角度强调从系统的角度出发,利用分解与协调的方法,以获得兼顾个体和全局的工程满意解,其关键还是协同优化问题的分解、协同优化算法、性能函数快速分析的研究。杨育等在分析协同产品创新设计过程中客户、多领域设计人员等多角色主体间众多冲突原因的基础上,为协调各设计主体在设计目标上的偏好冲突,提出了运用二元语义分析来集结各主体多粒度评价语言信息的方法,并以满意度最大为优化目标建立了多主体冲突协调模型。Rajkumar 等面向网格资源管理建立的 Nimrod/G 系统提供了成本最小化资源配置模块与网格资源动态规划模块来解决网格资源动态变化与降低经营成本等问题,但在寻求成本最小化的同时,该系统并未考虑资源素质的差异与价格的不完全正比关系。Junwei Cao 等面向网格资源管理的可扩展性与适应性,采用 PACE 工具箱作为资源绩效预测技术,建立了基于代理理论的网格资源管理层次模型。有研究构建了复杂项目管理生命周期,其中涉及项目规划建模技术、调度建模和分析技术、调度仿真和优化技术等;刘晓敏在 COSIMCSP 中进行了应用验证,针对有供应商参与的新产品协同开发设计的特点,将主机企业、供应商的所有设计资源进行整合,以设计资源颗粒为分配单位进行统筹,建立了广义设计资源模式下的协同设计任务模型以及设计资源颗粒分配给计划任务的模型;李光锐等使用排队论的方法,提出了一种新的设计任务与设计资源的匹配方法,以及在设计资源不足时的冲突消解方法。

1.4 云设计资源

1.4.1 资源定义

联合国环境署(1972)给资源下的定义是,"在一定的时间和技术条件下,能够产生经济价值、提高人类当前和未来福利的自然环境因素的总称"。

由于自然科学与社会科学之间客观存在的分离,对于资源的研究也分割在各个学科门类之下,如经济学、法学、工学、农学、管理学以及基础科学等学科门类均涉及对资源的研究,并且都提出了本学科的资源概念与分类。不同专业人士对资源的认知与理解不尽相同,不同时间、不同国家的人对资源的理解也不同。

K. D. Matson 和 Ricklefs 从生态学角度将资源定义为满足生物体正常生长、维系生命和繁殖的事物。

McConnell 从经济学角度将资源定义为生产产品或服务所需的服务或其他资产。McLean 进一步将人力资源定义为生产产品或提供服务所需的技术、能量、禀赋、能力与知识。

Wenerfelt 从管理学角度对资源的定义认为企业是各类资源的有效集合,也即资源基础论。他将企业的资源定义为"在给定时间里,那些半永久性属于企业的有形和无形资产,比如,品牌名称、企业内部的技术知识、员工的个人技能、交易合同、机器、有效的流程、资金等"。在这一定义中,企业在一定时间内拥有的资产,无论能否给企业带来价值以及是否能够形成竞争优势,都是企业资源。

Barney认为,不是所有的资本都是与战略相关的资源,只有能使一个企业提高效率和改进效益的资源才是企业资源。Barney将企业的资源分为三类,分别是物质资本资源、人力资本资源和组织资本资源。物质资本资源包括物质技术、工厂和设备、地理位置和原材料等。人力资本资源包括培训、经验、判断、智力、关系、管理人员和员工的个人眼光。组织资本资源包括企业的正式报告结构、正式和非正式的规划、控制和协调系统,以及企业内部群体和企业与其环境中的群体之间的关系。

Grant根据资源与能力之间的差异来定义企业的资源与能力,认为资源与能力之间存在关键差别。他把资源定义为生产过程中的投入物——它们是基本的分析单位,企业单个资源包括资产设备、员工个人的技能、工厂、品牌名称、资金,等等。并把资源分为六类:财富资源、物质资源、人力资源、技术资源、声望和组织资源。Grant认为,资源就其本身而言,几乎没有什么资源是有生产价值的。生产活动需要组合和协调各种资源,各种资源只有结合起来才能发挥作用,而这种结合需要能力。

Amit和Shoemaker将企业资源定义为企业拥有或者控制的有用的要素存量,包括可交易的专有技术(例如,专利和授权)、财务或者物质资产(例如,产权、工厂和设备)、人力资本等;企业资源通过与其他一系列广泛的资产和机制的作用,例如,技术、管理信息系统、激励机制、管理者和员工之间的信任等,可以转化成最终产品或者服务。

核心竞争力代表了对资源的另一种定义。核心竞争力理论脱胎于资源基础论,其战略思想的精髓没有超过资源基础论的范围。核心竞争力起源于Selznick提出的独特能力(distinctive competence),并把组织的能力或者独特能力定义为能够使一个企业组织比其他组织做得更好的特殊物质。而Prahalad和Hamel提出的核心竞争力概念对Selznick提出的独特能力概念进行了细化,他们将核心竞争力定义为"组织中的累积性学习,特别是关于怎样协调各种生产技能和整合各种技术的知识"。

罗辉道、项保华提出,企业资源的定义可以从两个方面结合来进行,分别是从企业资源本身出发来定义资源和从企业资源与竞争优势的关系出发来定义资源。从企业资源本身出发,可以将企业所拥有或者所能控制的所有能给企业带来优势或者劣势的东西定义为企业的广义资源。广义资源又包括狭义资源与企业能力,而狭义资源包括企业的有形资产和无形资产,企业能力是企业将各种资源组合起来完成一定任务的能力。

从企业资源与竞争优势的关系出发,企业资源可以划分为一般资源与战略资源。一般资源是指因为容易模仿、可以在市场上很方便地获取等原因而无法给企业带来竞争优势,仅具有一般价值,不能给企业带来超额利润的企业资源与能力;而战略资源是指能够给企业带来竞争优势的资源,这类资源具有稀缺性、有价值、不可替代、难以模仿等特性。

基于上述研究观点,可以明确:①资源已经延伸为广义的概念,其范围已经不再局限于实物,还包含不可见的事物,包括知识、信息资源等,也更强调将能力作为一种特殊的资源。换句话说,资源本身是客观存在的,可能是实体,也可能是可以通过语言描述或刻画的一种事物,只要其能发挥相应的功能就可能成为资源。②其次强调资源的利用主体,资源要发挥其作用,需要依赖于利用主体,只有利用主体选择它时,其才能发挥相应的功能。③最后还强调资源所处的环境,其使用受条件的限制,只有其可被利用时才是资源,如果不能被获取并发挥其功能,也不能称为资源。比如在一定的时间约束下,资源由于被其他工作所占据,不能够用来完成别的工作,对于别的工作来说它就不是资源。从①可以看出资源应是一种事物,强调的是客观存在,从②和③中可以看出其主要刻画有用,即功能的体现,以及资源所处的条件限制,由此可给出资源定义。

定义1:资源是在给定的时空条件下,客观存在且有用的事物的抽象。

时空是有起点和终点的一段时间或指它的一点。时间是物质运动过程的持续性和顺序性;空间是运动着的物质的存在形式,是物质存在的广延性,是事物存在的位置或边界,以某参考系进行度量。它们是不依赖于人的意识而存在的客观实在,是永恒的。就某一具体的事物而言,时间和空间都是有限的。那么时空条件就是某一时间和空间中事物被限制的条件,可以影响事物的存在和功能的发挥。

此定义强调在一定条件下"有用"即是资源的观点,而有用是具备、保持、显现某种用处或功能。换句话说,在一定约束条件下,能发挥其功能就是资源。

1.4.2　云设计资源定义

结合资源和云制造的定义,将云设计资源定义如下:

定义2:云设计资源是在网络化环境下面向设计任务要求,客观存在且能提供产品设计服务的事物抽象。

结合《辞海》对此定义的相应概念进行说明:

事物是指能通过语言描述的,并体现时间、空间、数量和价值等内容和形式的事情和物体组成的对立统一体。《辞海》对事和物的定义:事是自然界和社会中的现象和活动;物是人以外的具体的东西。

客观存在体现的是存在着的东西,指事物的存在、有形、有名、有实等,并可通过量进行反映。量是事物存在的规模、等级、范围、程度及内部组成要素的结构,是事物存在的规模和发展的程度,是一种可以用数量来表示的规定性,如多少、大小、高低、长短、轻重、快慢等。

云设计资源是资源的一部分,其面向对象为云设计任务,所处的环境是网络化组织环境,是现代管理学的研究范畴。因此,本书从管理学视角出发,以资源定义为基础,分析云设计资源的概念内涵:

给定的时空条件针对云设计资源来说首先是云设计资源必须满足网络化资源的要求,能部署到网络化管理平台中被用户发现;其次设计资源能够面向设计任务在合适的时间和空间下提供相应的服务,满足设计任务的需求。

客观存在针对云设计资源来说是可以将设计资源通过网络化的语言进行描述,具有有形、有名、有实的特点。

有用性针对云设计资源来说是面向设计任务需求,可以发挥其功能的体现,只是其针对不同任务所体现的有用性程度不一样。

1.4.3 云设计资源构成

从云设计的定义可以看出,云设计中的资源是一个广义的概念,强调一切能在产品设计全生命周期中发挥作用的所有对设计有用的事物均可成为资源,因此云设计资源范围较宽,不再局限于传统的设计资源的范畴。目前对云设计资源构成相关的研究极少,但云设计资源作为云制造资源的一个主要组成部分,具备云制造资源诸多的分类特征。因此从云制造资源和相关领域(如制造网格、云计算领域等)以及设计资源自身的分类与构成角度的基础上提出云设计资源的构成分类。

结合1.2.1小节对云制造资源构成的描述,进一步从以下研究实例详细说明制造资源的分类和具体构成,制造资源分类Ⅰ见表1-3。

Xun Xu等将制造资源分为制造实体资源与制造能力,制造实体资源可以划分为硬件资源与软件资源。硬件资源包括设备、电脑、服务器、原材料等,软件资源包括仿真软件、分析工具、数据、标准、员工等。制造能力包括产品设计能力、管理能力、运营能力等。

Fei Tao等基于制造网格思想认为制造资源在性质(物理特征、地理特征、动态性、敏感性、功能性)、目标需求(时间需求、成本需求、质量需求与服务需求)与用途(发现、中介、监控、分析、适应性调整)等方面的存在差异。他基于上述维度将制造资源分为九类:人力资源,设备资源,材料资源,应用系统资源,技术资源,公共服务资源,计算资源,用户信息资源与其他资源。制造资源分类Ⅱ见表1-4。

表1-3 制造资源分类Ⅰ

制造资源类别			制造资源定义与实例
制造资源	软资源	软件	产品全生命周期过程中应用软件和系统软件的总和,如设计、分析、仿真软件等
		知识	产品全生命周期过程中所积累的经验知识、模型、标准、相关文档等资源
		人力	在产品全生命周期过程中,具有某种操作/管理和技术的人或团队,如设计人员、操作人员等
	硬资源	制造设备	产品全生命周期过程中所需要的生产、加工、仿真、实验等物理设备,如机床、铸造设备等
		计算资源	支持制造企业和制造云平台运行的各类服务器、存储器等运行支撑资源,如X86、高性能计算机等
		物料	制造活动所需的原材料、半成品等
	其他相关资源		上述分类之外的资源集合,如各种培训,信息查询,仓储,运输工具等
制造能力	设计能力		结合相关设计知识,设计人员利用相关资源(如设计软件等)为完成设计任务所表现出的某种能力
	仿真实验能力		在相关资源、知识支持下,实验人员顺利完成某项仿真任务、实验所表现出的能力
	生产能力		参与生产的资源要素在既定的组织技术条件周期内能生产的产品数量和质量
	管理能力		提升制造企业运营效率的能力
	维护能力		制造企业利用相关资源完成既定任务的维护、维修所表现出的能力

表1-4 制造资源分类Ⅱ

制造资源类别	定 义	示 例
人力资源	满足制造运营/管理与技术需求的人才	设计师,管理者,技术工程师
设备资源	满足制造活动需求的各类功能设备	加工工具,CNC,夹具,测量仪
材料资源	制造活动所需原材料、半成品、燃料、成品	原材料,半成品,燃油,产品

续表

制造资源类别	定 义	示 例
应用系统资源	制造活动所需的各类软件,包括设计系统、仿真系统、分析软件、管理系统、图像处理系统	CAD, CAPP, CAE, PDM, ERP, ANALYSE, Pro/E, PHOTOSHOP, COREDREW 等
技术资源	制造活动所需的技术资源与条件	图纸,设计流,流程规划
公共服务资源	为资源使用者提供信息查询、培训、维修等	国际标准,国内标准
计算资源	制造活动所需的计算资源	CPU,存储器
用户信息资源	资源提供者与用户的基本信息,如信誉等	企业信息,用户信息
其他资源	未包含在上述类别的资源	日志,账户

从上述分类中可以看出,网络化环境下的制造资源分类维度主要为资源性质与需求用途。结合 1.3 节对设计资源研究提出的设计资源构成强调其广义性,各种分类存在一定的相似性。但面向云设计资源的构成分析,上述分类存在以下几个方面的不足。

(1)分类维度存在模糊性。各类实体资源是所有制造资源的载体,单纯从资源实体性分类造成资源分类的重叠,如张霖的分类中制造知识往往依托于制造人员,制造人员掌握的管理技术也应被认为是一种知识资源等。

(2)未能将主观能动性作为一种资源明确提出。所有有形资源或无形资源都需要人这一关键要素所特有的主观能动性才能得以发挥效用。在云设计领域,设计资源拥有者的主观能动性往往成为设计资源产生作用的前提。

(3)云设计资源更加强调对知识性技术资源的利用,而已有分类对这类资源的分类仍显简略。且随着云设计资源构成日趋多样化,应更加强调对隐形知识(属人的)的显性化(非属人化)过程。

苏敬勤提出了从资源形态、是否从属于人与是否是关键资源三个维度建立了分类框架。其中资源形态包括有形资源、无形资源与企业家资源。将企业家另立出去是为了突出企业家这类特殊资源对企业获取竞争优势的主观推动与态度影响。

因此基于 1.3 节中设计资源的研究,在借鉴苏敬勤从管理视角提出的资源分类框架的基础上,融合云制造资源的分类框架和已有设计资源分类维度对云设计资源进行分类。从资源的实体性、功能性与是否属人特性,即有形资源、无形资源和主动性资源三类对云设计资源的分类见表1-5。

表1-5 云设计资源构成

云设计资源类别		资源描述
有形资源	公共服务资源	为资源使用者提供的信息查询、培训等
	设计硬件	满足设计活动需求的各类功能设备,如数控机床、测试工具、设计零部件、标准件、材料等
	计算资源	设计活动所需的计算资源,如高性能计算机、CPU、存储器等
无形资源	设计软件	产品全生命周期过程中各种应用软件总和,如设计、分析、仿真等专业软件
	设计知识/信息	与设计相关的文献资源或数据资源,抑或各种媒介和形式的信息的集合,包括与产品相关的产品的结构信息、功能信息、行为信息、需求信息等,以及产品设计生命周期过程中所积累的经验、设计手册、模型、标准、协议、设计案例、设计零部件库、标准件库、材料库、文档库、设计实例库、设计规则库、相关文件等
	设计技术	产品设计生命周期过程中所采用的设计技术,如专利、稳健设计、信息技术、管理技术、一般设计理论、通用设计理论、公理化设计理论等
	设计能力	结合相关设计知识,设计人员/团队利用相关资源(如设计软件、仿真与实验设备、工艺能力等)为完成某产品设计任务所表现出来的一种能力
	设计方法	指人通过一系列的认识和创造过程,采用符号形式储存在云设计系统之上的资源,如系统化设计方法、功能模块化设计方法、可靠性设计方法、造型设计方法、计算机辅助设计方法、优化设计方法等
	设计流程	指人通过一系列的认识和创造过程,采用符号形式储存在云设计系统之上的,用于指导设计任务开展的程序或步骤,如面向不同设计领域的设计工作流程、相关文档等资源
主动性资源	设计人员/团队	在产品设计生命周期过程中,具有执行不同领域的设计任务的人或团队,其功能只是一个执行者,具有能动性,如产品概念开发人员/团队、结构工程师/团队、工艺分析人员/团队、工艺设计人员/团队、管理人员/团队、设备操作及测试人员/团队的专家和技工等,其需要借助其他资源来开展设计活动
……		……

目前云设计已逐渐受到了重视并开展云设计的相关研究,针对工业设计过程中云设计服务系统结构分为服务、运行平台和资源等三层,关键技术主要包括资源云化技术、服务管理技术、资源提供者和使用者管理技术、安全与可信保障技术等,并给出了云设计应用的简要程序和初步结论。给出了云平台的层次体系结构与运行机制;探讨了基于 Web 服务和本体论的资源虚拟化和云资源池构建方法,建立了面向产品信息模型的资源动态能力与客户需求表述模型,研究了基于语义推理的资源搜索匹配算法以及平台运行调度与监控等;采用 Flex 和 Java 开发了云平台原型,并以使用 UG 终端仿真服务设计起落架外筒为运行案例,验证了云平台的可行性和有效性。

1.5　本 章 小 结

本章介绍了资源理论、云制造原理、体系结构和涉及的关键技术分析,并在设计资源管理基础上,定义了云设计资源,对云设计资源进行分类和描述,明确了云设计资源的构成范围。

第2章 云设计资源生态化管理框架

2.1 生态学理论基础

2.1.1 生态学概述

生态是生物与环境、生命个体与整体间的一种相互作用关系,在生物世界和人类社会中无处不在。生态学(ecology)一词最早由索瑞(Henry Thoreau)于1858年首次提出,但他未给出生态学的明确定义。1866年德国生物学家恩斯特·海克尔(E. Haeckel)给出了生态学明确的定义:生态学是研究生物体与其周围环境(包括非生物环境和生物环境)相互关系的科学。这个定义强调的是相互关系,或称为相互作用,即有机体与其非生物环境以及同种生物或异种生物之间的相互作用。后来泰勒(Taylor)、布克斯鲍姆(Buchsbaum)和赖特(Knight)等研究生态学的学者所定义的生态学都未超出恩斯特·海克尔定义的范围。

生物的生存、活动、繁殖需要一定的空间、物质与能量。生物在长期进化过程中,逐渐形成对周围环境某些物理条件和化学成分(如空气、光照、水分、热量和无机盐类等)的特殊需要。各种生物所需要的物质、能量以及它们所适应的理化条件是不同的,这种特性称为物种的生态特性。任何生物的生存都不是孤立的:同种个体之间有互助或竞争,植物、动物、微生物之间也存在复杂的相生相克关系。

生态学的基本原理,通常包括四方面的内容:个体生态、种群生态、群落生态和生态系统生态。一个健康的生态系统是稳定的和可持续的:在时间上能够维持它的组织结构和自治,也能够维持对胁迫的恢复力。健康的生态系统能够维持它们的复杂性,同时能满足人类的需求。生态学基本原理应用思路是模仿自然生态系统的生物生产、能量流动、物质循环和信息传递而建立起人类社会组织,以自然能流为主,尽量减少人工附加能源,寻求以尽量小的消耗产生最大的综合效益,解决人类面临的各种环境危机。

2.1.2 生态系统

生态系统(ecosystem)是生态学中最重要的概念,也是自然界最重要的功能单位。生态系统中的生物具有形式多样、数量丰富、分散性、异构性、高度自治、动态变化、相互间高度协同等特点。生态系统是在生物群落概念的基础上，一定范围内的生物按照生态结构(形态结构、营养结构)和生态关系(种间竞争、捕食、互利、协同进化)，并与环境相结合构成的。生态系统由生物和非生物环境构成，不同生物的生长型和生活型的不同，使得生态系统中大多数生物群落具有清晰的层次性，从而形成了生物群落明显的垂直结构，反映出生态系统的层次性特征。组成生态系统的生物从其非生物环境中获得物质和能量，并沿着其"生产者—消费者—分解者—非生物环境"的路径进行着系统必需的物质循环、能量转换和信息传递，在这一过程中又伴随着生态系统各组成成分(生产者、消费者、分解者)的自我循环，这些循环之间相互交叉，构成了一个超循环系统。生态系统组成要素主要包括生物成分(物种、种群、群落)、非生物成分、生产者、消费者、分解者、食物链、生态系，以及由于生物的活动所形成的信息流动、能量流动、物质循环、进化、生存和协同进化，由非生物所构成的生境等相关要素。同时生态系统具有适应性、协同性、相关性、有序性、再生性等特性。尽管在自然界中有多种多样的不同生态系统类型，但作为生态系统，它们还是有着相同的组成成分。

生态系统的组成要素及相互关系示意如图 2-1 所示。

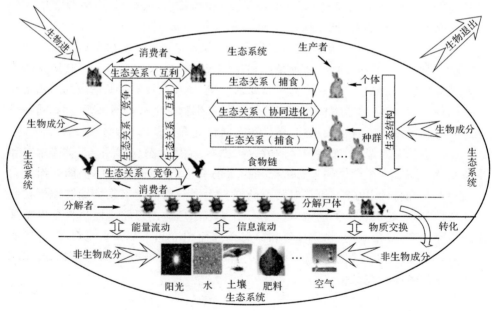

图 2-1 生态系统组成要素及相互关系示意图

尽管在自然界中有多种多样的不同生态系统类型,但作为生态系统,它们还是有着相同的组成成分和结构。生态系统的组成和结构如图2-2所示。

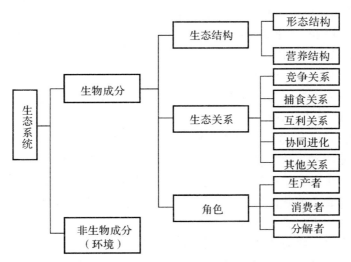

图2-2 生态系统组成和结构

1. 生态系统开放性原理

开放性是一切自然生态系统的共同特征和基本属性,主要表现在以下几个方面:

(1)全方位的开放,通过上下左右,方方面面与外界沟通;

(2)进行熵的交换;

(3)促使组分间的交流,使生态系统各组分间不断交流,促使系统内各组分始终处于动态之中;

(4)动态性,使得生态系统本身的结构和功能得到不断更新和发展,具有不可逆性。

2. 生态系统时空结构性原理

自然生态系统一般都有分层现象,生产者和消费者、消费者和消费者之间的相互作用和相互联系,生物在空间上是部分分隔的,但彼此又交织在一起。同时生态系统的结构和外貌会随着时间而变化,反映出生态系统在时间上的动态,其分为:长时间度量,以生态系统进化为主要内容;中等时间度量,以群落演替为主要内容;短时期度量的周期性变化。

3. 生态系统结构与功能的相关性原理

生态系统是个多组分的单元,有生物组分,也有非生物组分相融合,共同形成一个整体：

    （1）结构和功能是相互依存的；

    （2）结构与功能优势相互制约、相互转化；

    （3）组分结构和功能的联系密不可分，在生态系统中存在多种类型；

    （4）生态系统稳定性是相对的。

    4. 生态系统反馈性原理

    反馈是生态系统内部自调节、自维持的主要机制，系统通过（正、负）反馈进行调整，使系统维持或达到稳态。生态系统生物之间，生物与环境之间存在着各种反馈机制，没有控制的系统不可能成为稳定的系统。

    5. 生态系统整体性原理

    任何一个生态系统都是由多个生物和非生物组分结合而成的整体单元，这个系统不再是结合之前各自分散的状态，而是发生了根本变化，集中表现在整体性。

    6. 生态系统中的能量流动

    生态系统是个热力学系统，能量流动是生态系统的基本功能之一，能量不仅在生物有机体内流动，而且也在物理环境中流动，生态系统中生命系统内部和环境系统在相互作用的过程中始终伴随着能量的运动与转化。

    7. 生态系统中的物质循环

    生态系统中的物质循环是指各种有机物质经过分解者分解归还环境中重复利用，周而复始的循环利用过程。

    8. 生态系统中的信息流动

    生态系统中信息就是生物与生物、生物与环境之间普遍联系的信号，通过信号带来可利用的消息。其具有生态系统信息多样性、信息通信的复杂性和信息类型多、储存量大等特点。

    生态系统中生物间的捕食能力的大小依赖于其在一定环境下表现出的生态位（niche）。生态位理论认为，无论是个体还是生物圈，无论是自然界还是社会中的生物单元，都包含两种基本属性，即"态"和"势"两个方面的属性。"态"是指生物体单元的状态（能量、生物量、个体数量、资源占有量、适应能力、智能水平、经济发展水平、科技发展水平等），是生物体单元过去生长发育、学习、社会经济发展以及与环境相互作用积累的结果；"势"是指生物体单元对环境的现实影响力或支配力，如能量和物质交换的速率、生物增长率、经济增长率、占据新生境的能力等。生态位是描述某个生物体单元在特定生态系统与环境相互作用过程中所形成的相对地位和作用，是某生物单元的"态"和"势"两方面属性的综合。任何生物体单元的生态位主要取决于两点：一是主体与环境的物质、能量和信息交换状况；二是主体自身的新陈代谢即主体内部各个部分运行及相互协调状况。在不同环境(约束)条件下生物在生态系统中表现出不同的生态位,其反映某个生物体单元在特定生态系统与环境相互作用过程中所形成的相对地位和作用,生态位通过生态位宽度进行测量来判断生物在生态系统中的位置。在捕食猎物过程中利用"适者生存"法则所表现出的生物对环境的自适应,实现最优的猎物捕食。

由于生态系统在运行过程中所表现出来的特点,因此要运用生态学的原理和方法来管理云设计资源,首先需要建立起云设计资源与生态系统的联系,使之具有运用生态学原理解决云设计资源管理问题的科学性和可行性,这就应该从云设计资源与生态系统生物特点、生态系统要素、生态结构特征和生态关系特征进行对比和分析。

2.1.3　生态结构与生态关系

生态学理论的研究与应用从自然环境别的领域延伸,形成了企业生态学等,其从个体、种群、群落角度通过分析企业间的生态结构和生态关系构建相应生态系统形态,以解决不同对象间的异构性,形成一种网络状组织的分布形式,同时提出了企业生境的生态因子,使其具有适应性、有序性、协同性等相似特征,其可以根据自身情况动态地加入或退出,具有较高的开放性特征;企业生态学通过对企业内外部环境的分析建立企业之间类似于生物生态结构和体现竞争与共存等生态关系,形成开放的、动态的企业生态系统,这为借鉴生态构成及生态关系的构成特点,解决云设计资源生态化描述提供思路。

1. 生态结构

有了生态系统的组成部分,并不能说一个生态系统就可以运转了,生态系统必须要有结构。生态系统的各组成部分只有通过一定的方式组成一个完整的、可以实现一定功能的系统时,才能称其为完整的生态系统。生态系统结构(ecosystem structure)是指系统内各要素之间相互联系、相互作用的方式,是系统存在与发育的基础,也是系统稳定性的保障。生态系统的生态结构包括三方面的内容:生态系统层次结构、生态系统形态结构和生态系统的营养结构。

生态结构包括:

(1)层次结构。描述一个生态系统的生态结构,重点在于归纳阐述系统内的各个结构单位和其相互之间的关系。生态系统的结构单位,可分为个体、种群和群落。其中群落是最有活力的部分。

生态系统是在一定空间范围内,植物、动物、真菌、微生物群落与其非生命环境,通过能量流动和物质循环而形成的相互作用、相互依存的动态复合体;在一定空间范围内,所有生物因子和非生物因子,通过能量流动和物质循环过程形成彼此关联、相互作用的统一整体;生物集群与自然环境。

(2)形态结构。生态系统的形态结构是指生态系统在内部和外部的配置、质地与色彩。不同的生物种类、群种数量、种的空间配置、种的时间变化具有不同的结构特点和不同功效。它包括水平结构、垂直结构、时间结构和数量结构四种顺序层次,独立而又相互联系,亦是系统结构的基本单元,系统的结构是功能的基础。

1)水平结构。群落的物种搭配不一致,水平分布也不一致,有的呈均匀分布,有的成群成组出现,这是由群落内部因素的局部不均匀性造成的,也是和不同物种的习性相适应的。其分布形式有均匀型、随机型和集群型,其中均匀型在自然界少见,集群型最为常见。

2)垂直结构。群落内部由于环境因子的不一致以及不同物种对复杂生境具有不同的要求和适应性,群落内各物种个体不但高低错落地排列在一定的空间位置上,而且其生长、发育和消衰也有时间和空间上的不同。

3)时间结构。通过种群的年龄结构进行反映,将种群内由幼到老不同年龄组的个体按数量多少或百分比大小以不同宽度的横柱代替并从上到下配置,形成年龄的金字塔。

4)数量结构。种群是个体的集合,因此它会表现出多个个体的数量特征,如种群的密度、出生率、死亡率等数量指标,这些是生物个体不具备的特征。影响其数量变动或密度变化的因素有四个,分别为出生率、死亡率、迁出率和迁入率,它们的综合作用或对比大小会改变种群数量,如图2-3所示。

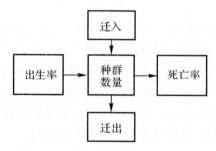

图2-3 决定种群数量的基本过程

(3)营养结构。生态系统的营养结构指的是系统内的生物成分之间通过食物网或食物链构成的网络结构或营养位级。生态系统的营养结构是一种以营养为纽带,把生物和非生物紧密结合起来,构成以生产者、消费者、分解者为中心的抽象结构。它们和环境之间发生密切的物质循环,如图2-4所示。这种关系是生态系统功能的研究基础。生态系统的营养结构对于每个生态系统都有其特殊性和复杂性,生态系统中物质处在经常不断的循环之中。非生物的物质和能量的作用是为各种生物提供物质和能量,生产者的作用是转化物质和能量,消费者的作用是推动物质和能量在群落中的流动,分解者的作用是把物质和能量归还到无机自然界。

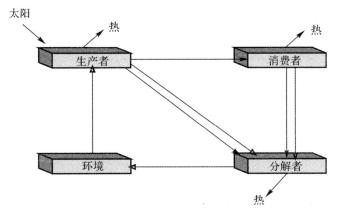

图 2-4　生态系统的三大功能类群(仿林鹏,1986)

基于自然生态系统的概念,云设计资源生态系统可分为云设计资源生物系统和云设计资源无机环境系统。将云设计资源生态系统的各种成分进行界定,划分为生物成分和无机环境成分,是构建云设计资源生态学系统的基础。结合第 1 章对云设计资源的定义,可以认为传统设计资源与设计任务是云设计资源生态系统中的生物成分;网络支持资源、用户和资源提供者为云设计资源生态系统中的非生物成分。概括地说,云设计资源生态系统可以分为非生物环境成分和云设计资源生物群落。生物群落由不同的生物种群组成。

2.生态关系

生态关系包括种内关系和种间关系。

(1)种内关系。种内关系(intraspecific relationship)是指存在于各种生物种群内部个体与个体之间的关系。种群是由多个个体组成的,它们生活于同一时间和空间中,不可避免地要产生各种各样的相互关系和作用。根据个体之间作用的机制和影响,主要的种内关系可分为性别关系、竞争、相残、合作与利他和社会等级。在云设计资源生态系统中,对于种内关系,重点研究竞争、合作与利他两个方面。

(2)种间关系。生活在同一生境中的不同物种种群之间也会发生各种各样的关系,这就是种间关系(interspecific relationship)。生态系统中不同种群之间的相互关系见表 2-1。

表 2 - 1　两种种群之间的相互关系

相互作用类型	物种		主要特征
	1	2	
中性作用	0	0	两个种群彼此不受影响
竞争:直接干涉型	—	—	每一种群直接抑制另一个
竞争:资源利用型	—	—	资源缺乏时的间接抑制
偏害作用	—	0	种群 1 受抑制,2 无影响
寄生作用	+	—	种群 1(寄生者)通常较种群 2(宿主)的个体小
捕食作用	+	—	种群 1(捕食者)通常较种群 2(猎物)的个体大
偏利作用	+	0	种群 1(偏利者)对种群 2 无影响
原始合作	+	+	相互作用对两种都有利,但不是必然的
互利共生	+	+	相互作用对两个物种必然有利

注:0 表示没有意义的相互影响;＋表示对生长、存活或者其他种群特征有收益;—表示种群生长或其他特征受抑制。

研究表明,不同种群之间的相互作用是普遍的且具有一定的基本形式。总体上讲,种群间的相互作用类型可分为 9 种:

1)中性作用(neutralism):两个种群的组合各部分都不受另一种群的影响。

2)相互一致的竞争型(mutual inhibition competition type):两个种群彼此主动抑制。

3)资源竞争型(competition resource use type):各个种群在竞争缺少的资源中,对另一种群起相反的影响。

4)偏害作用(amensalism):一个种群受抑制,另一个种群无影响。

5)寄生作用:一个种群因另一种群的抑制而受到相反的影响,但仍然依存于后一个种群。

6)捕食作用:一个物种或种群以消耗另一个物种或种群才能生存。

7)偏利作用(commensalism):一个种群有利,另一个种群无影响。

8)原始合作(protocooperation):组合中每一种都是有利的,但不是必然的。

9)互利共生(mutualism):对两个种群的生长和存活都是有利的,彼此如果没有对方,在自然条件下就不能存活。

对于 9 种相互作用,可以归结于两类,即负相互作用(negative interaction)和正相互作用(positive interaction)。在自然生物系统下,最为典型的负相互作用类型,是种间竞争和捕食/寄生。广义上说,竞争是指两个生物竞争同一对象的相互作用。种间竞争就是两个或者更多物种的种群,因竞争而对它们的增长和存活起相反影响的任何相互作用。相对应的,捕食和寄生就是对一个种群的生长和存活产生负效应的两个种群相互关系的实例。种群间负相互作用的一个基本特点是,在相对稳定的生态系统中,两个相互作用者的种群,在共同进化过程中,负作用趋于减弱。互利共生,是非常典型的一种正相互作用形式。互利共生表明,群落中的一般相互依赖性已达到了相当深的程度,即一种异养生物完全地依赖于另一种自养生物获得食物,而后者有赖于前者的保护、物质循环或者其他的生命必须功能,这样才能成为互利共生。

2.1.4　生态位

1. 生态位概念

生态位理论是生态学的重要构成部分,是指每个物种在群落中的时间、空间位置及其机理关系,或者说群落内一个物种与其他物种的相对位置,用其可以准确地度量出不同环境下不同生物的差异性。"生态位"一词最早源于 Johnsom 所提出的"同一地区的不同物种可以占据环境中的不同生态位"。Grinnel 明确将生态位定义为"物种在群落和生态系统中所占据的最后分布单元",在这个最终的生态单元中,每个物种的生态位因其结构和功能上的界限而得以保持,即在同一动物区系统中定居的两个物种不可能具有完全相同的生态位,其强调的是物种空间分布的意义,被称为"空间生态位"。动物生态学家 Charles Elton 将生态位定义为"一个动物在生物环境中的地位及其与食物和天敌的关系",特别强调物种在群落营养关系中的角色或作用,其强调的是功能关系,被称为"功能生态位"或"营养生态位"。Hutchinson 将数学理论引入,把生态位描述为一个生物单位生存条件的总集合体,并根据生物的忍受法则,用作表示影响物种的环境变量,其从空间、资源利用等多方面考虑,对生态位概念予以数学的抽象,提出了生态位的多维超体积模式,此模式认为生物在环境中受多个资源因子的供应和限制,每个因子对该物种都有一定的适合度阈值,在所有这些阈值所限定的区域内,任何一点所构成的环境资源组合状态上,该物种均可以生存繁衍,所有这些状态组合点共同构成了该物种在该环境中的多维超体积生态位。Hutchinson 进而在此基础上提出了基础生态位(fundamental niche)和实际生态位(realized niche)两个概念。基础生态位即在生物群落中能够为某一物种所栖息的理论上的最大空间,实际生态位为一个物种实际占有的生态位空间,即将种间竞争作为生态位的特殊环境参数。多维超体积生态位偏重于生物对环境资源的需求,未明确把生物对环境的影响作为生态位成分,但其比空间生态位、功能生态位更能反映生态位本质,因此多维超体积概念为现代生态位理论研究奠定了基础。

MacArthur 等提出生态位等同于资源利用谱;Whittaker 定义生态位为物种与群落内其他物种、环境和空间,以及季节和昼夜活动时间有关的特殊方式。Whittaker 将上述的生态位理论划分为 3 类:①物种在种群中所起的功能位置或角色(功能概念);②物种在群落中的分布关系(生境概念);③将两者结合生态位反映群落内和群落间的因子关系(生境和生态位概念)。Kroes 定义生态位为生态系统中的生物部分,包括它们的结构、功能等。E. P. Odum 将生态位定义为一个生物在群落和生态系统中的位置和状况,而这种位置和状况决定于该生物的形态适应、生理反应和特有行为。给生态位下定义者虽然为数不少,但最具代表性和被大家认可的是 Grinnell 提出的"空间生态位"、CharlesElton 提出的"功能生态位"和 Hutchinson 提出的"多维超体积生态位"。

上述概念中,功能生态位主要着眼于生物在其所占位置上发挥的作用;空间生态位和超体积生态位则主要着眼于生物生存的范围,当然空间生态位和超体积生态位在范围上也存在着差别,空间生态位是生物能够生存下来的最基本的范围,而超体积生态位则是指生物能够生存的最大范围或者是已经生存的实际范围。与空间生态位相比,超体积生态位的范围相对更大,资源划分的维度也更多。

通过对已有概念的分析,生态学中的生态位是指每个物种在群落中的时间、空间位置及其机理关系,或者说群落内一个物种与其他物种的相对位置,每个物种在长期生存竞争中都拥有其最适合自身生存的时空位置及与其他物种之间的功能关系。物种生态位既体现了该物种与其所处群落中其他物种的联系,也反映了与其所处环境的互动关系。在自然界里,生物的存在总是离不开其所处的环境。一种物种必然在一定的生态系统中与其他物种以及自然环境发生相互作用和相互影响。这种作用和影响是一个长期的演化过程,其结果是某些物种得以保存并继续发展,而另外一些物种则从这一生态系统中消失,这就是"物竞天择,适者生存"的道理。因此作为生物学中的生态位必须具备以下几个要素:①生态位必定产生于一定的时间和空间背景下;②该生态位上具备物种所需要的所有资源;③体现了该生态位上的物种与其他资源、周围环境和其他物种之间的关系;④该物种在其生态位上必然发挥一定的功能和作用。而其内在含义:一是有机体和所处空间条件之间的关系;二是生物群落中的种间关系。

定义 3:生态位指物种在生物群落或生态系统中的地位和角色,即一个个体在时间、空间上的位置及其与相关个体之间的功能关系。

2.生态因子

生态位由生态因子(ecological factor)所决定,生态因子指对生物有影响的各种环境因子,常直接作用于个体和群体,主要影响个体生存和繁殖、种群分布和数量、群落结构和功能等。各个生态因子不仅本身起作用,而且相互发生作用,既受周围其他因子的影响,反过来又影响其他因子。例如某物种所占据的温度范围、活动空间、生活周期长短、营养物质状况和其他生存条件等等;同时生态位强调物种在群落或生态系统中的功能关系,即它在其他物种相互作用过程中所扮演的角色和所处的地位,也即物种在群落中所发挥的作用和在各种生存条件的环境梯度上所处的位置。如果将一个生态因子看作一个维度,在此维度上可以定义出个体的一个范围,假如同时考虑多个维度就可以定义出生态位。生态位在不同维度的表现如图2-5所示。

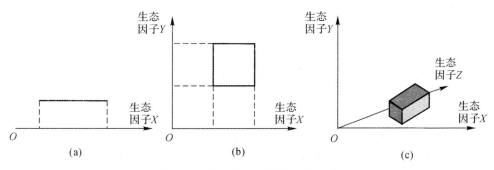

图2-5 生态位在不同维度的表现
(a)生态位(一维); (b)生态位(二维); (c)生态位(三维)

如果按影响生态位的生态因子个数,可将生态位分为一维生态位、二维生态位、三维生态位和多维生态位。一维生态位如温度生态位、湿度生态位、时间生态位等。所谓温度生态位即研究物种对温度的需要,确定该物种在温度方面的忍受幅度,或者说确定该物种在温度这个维度上所占据的生态位。二维生态位如温度-湿度生态位、温度-食物部位生态位等。三维生态位如温度-湿度-食物部位生态位等。多维生态位是指研究受3个以上环境因素影响的生态位,如温度-湿度-食物部位-时间生态位等。对一维生态位,常用生态位宽度和生态位重叠两项定量指标,比较群落中各物种占据空间的大小或利用资源的多少。如某物种对温度的适应幅度广,或在寄主植物上分布范围大(即占据资源范围大),则该物种的生态位宽度指数大,反之则小。如某物种与另一物种适应于同一温度范围,或分布于寄主植物的同一部位,即利用相同等级资源的数量多,则这两个物种的生态位重叠指数则大,反之则小。

因此生态因子是反映生态位的维度,通常情况下生态位是通过多个生态因子来共同决定的,那么生态因子是构成生态位中"态"和"势"属性的要素,构建生态位模型需要寻找到影响生态位的生态因子。

3. 生态位测度

生态位概念是相对抽象模糊的,生物学家用数量指标表征生态位特征,可以通过数量测度指标,进行具体的数量指标刻画,即所谓的生态位测度(niche metrics),如生态位宽度、生态位重叠、生态体积及生态位维数等,其中生态位宽度是描述物种生态位及与生存环境之间关系的重要数量指标,因此对生态位进行测度成为生态位理论中最重要的内容。

生态位宽度(niche breadth)又称生态位广度、生态位大小,是指在环境的现有资源谱当中,某种生物能够利用多少(包括种类、数量及其均匀度)的一个指标。当资源的可利用性减少时,一般使生态位宽度增加,例如在食物供应不足的环境中,消费者也被迫摄食少数次等猎物和被食者,而在食物供应充足的环境中,消费者仅摄食最习惯摄食的少数被食者。许多学者对生态位宽度进行定义,国外生态学研究者将生态位宽度定义为"物种利用或趋于利用所有可利用资源状态而减少种内个体相遇的程度。"Slobodkin,Levin,M. C. Arthur 所给的定义是在生态位空间中,沿着某一具体路线通过生态位的一段"距离"。Hurlbert 则将其定义为物种利用或趋于利用所有可利用资源状态而减少种内个体相遇的程度。Kohn 认为生态位宽度是生态专化性的倒数。Van Valen 定义为在有限资源的多维空间中为一物种或一群落片段所利用的比例。Levins 将生态位宽度确定为"任何生态位轴上包含该变量的所有确定为可见值的点组成部分的长度"。国内学者余世孝等在 n 维生态位空间分割为分室的基础上,定义物种生态位宽度为物种在分室上分布与样本在分室的频率分布之间的吻合度。王刚指出生态位宽度是指物种 y 和 n 个生态因子的适应(或利用)范围。

生态位宽度测量模型类别非常多(以上模型并不是所有),对于生态位宽度来说,其可以通过相关函数进行度量,包括单维度生态位宽度测度方法和多维度生态位宽度测度方法。较为常用的生态位度量指标是生态位宽度。经过生态学家近半个世纪的不断努力和探索,生物生态位宽度测度出现了多种多样的测量公式、模型和方法,这些测度方法为生物生态位宽度展示了不同分析视角的测量工具。Levins,Feinsinger 提出了相应的生态位宽度计测模型,Green 采用多元判别分析方法测度多维超体积生态位,并提出了度量生态位宽度的新方法:在判别因子空间内,样本观测的置信椭圆在某一给定判别因子轴上的投影长度;M'Closkey 以生态位椭圆沿单个轴的种内判别值标准差作为生态位宽度;Dueser 等以种在判别空间内距原点的平均欧氏距离作为生态位位置,以变异系数作为生态位宽度。但是在使用过程中,只有那些方法简捷、生物学含义明确的模型被广泛而长期使用;而那些形式复杂、生物学含义模糊的模型逐渐被淘汰。基于单资源轴的生态位宽度测量研究目前在国内还属多数,但是随着多维生态位测量在方法上的不断突破,多维生态位研究将会受到更多关注,而多元统计分析方法将在其中扮演重要角色。从已有研究发展趋势来看,物种或种群生存于多维生态因子空间,基于多维生态位宽度测度才更能反映生态位测度的物种或企业的差异性。

生物捕食过程中利用生态位,通过平衡点及其稳定性来研究物种在生态系统中的自适应程度,以反映生物在生态系统中的生存能力,其中 Logistic 模型、Lotkd – Voherra 模型和 Tilman 的资源竞争模型由种间竞争关系的理论发展而来,定量刻画出竞争、依存和捕食与被捕食等多类生态关系的作用机制,分别反映了单物种对单限制性资源条件下竞争要素的演变、多物种对单限制性资源竞争、多物种对多种限制资源的竞争平衡点及其稳定性。有研究从生态学的角度,引入竞争场、竞争度参数的概念,对 Logistic 增长模型进行了改进,建立了高科技企业的生态学竞争模型;通过 LotkdVoherra 模型研究高科技企业的竞争协同模型及其定态的稳定性,以期为高科技企业的竞争策略提供参考。这些研究为在不同条件下取用合适的资源方法提供了相应的理论和应用基础。

2.2 云设计资源的生态系统特征

2.2.1 云设计资源的生态特点

云设计资源具有以下特点:

(1)设计资源分散性。云设计环境下设计资源与生态系统中的生物一样以随机分布方式、聚集方式和均匀分布方式,突破了空间地理范围的制约,可分散在不同的地域内。设计资源掌握在资源提供者手中,只是其为了实现自身增值才会聚集到云设计资源管理平台中。

(2)设计资源多样性。云设计环境下设计资源包含类型多,理论上在网络化环境下设计资源数量丰富,设计资源类型的多样性是设计资源多样性的关键,它既体现了设计资源之间及环境之间的复杂关系,又体现了设计资源的丰富性。其涉及大量设计资源识别问题,同时通过准确识别,才能使资源利用更加充分。

(3)设计资源异构性。设计资源的多样性,导致设计资源形态各异;云设计环境下设计资源来自不同的地域,且设计资源间的差异性较大,其组成复杂,每项资源提供者对自己拥有的资源定位和认识不同;设计资源在不同环境下的适应能力不同,当处在某一环境中时反映出来的状态也不同。设计资源异构性问题突出,如设计团队的异构、知识/信息资源的异构和设计能力资源的异构等,因而对设计资源进行统一的规范化和标准化描述,建立形式统一的资源描述规范和标准是实现云设计的关键之一。

(4)设计资源高度自治。云设计环境下设计资源在主体上分别属于独立的实体,即资源提供者,在行为上具有一定程度的自治性,当设计资源被选中完成某项设计任务时,资源提供者是否愿意提供相应的资源实现共享,用户和资源提供者之间需要进行协商,其可以根据环境的变化和本能的驱动选择性地获取生存所需的任务,通过签订合同的方式进行约束。

(5)设计资源动态性。云设计环境下设计资源其自身能力是在不断变化的,比如设计人员的设计能力通过完成不同的任务后形成了经验的积累,自身能力得以提升,其能力呈现螺旋曲线式的上升。在云环境中对设计资源的取用将是动态的,不能一成不变地看待设计人员的能力;在云环境下资源提供者提供资源是一个动态过程,当资源提供者想通过共享实现资源的增值时可随时纳入到设计云中,当其不愿意共享资源时将随时退出设计云中;同时反映出设计资源对环境的动态适应。因而动态性是云设计环境下设计资源的一个重要特性。

(6)设计资源高度协同。云设计环境下设计资源间存在组合服务性,与生态系统中的生物一样,生物为了生存,同一生物间往往采用合作的方式,通过内部的有效分工以提升捕获猎物的效率;不同生物间也可以通过合作的方式提升捕获猎物的效率。比如通过几种资源的相互组合替代某种资源,可同时达到相应的云服务效果,但其价格更廉价,因此不同的设计资源可能进行组合服务。

2.2.2　云设计资源的生态系统要素

生态系统组成要素及定义见表 2-2。

表 2-2　生态系统组成要素及定义

生态系统组成要素	定　义
非生物环境	非生物环境,即无机环境。它包括驱动整个生态系统运转的能量和热量等气候因子、生物生长的基质和媒介、生物生长代谢的材料等

续表

生态系统组成要素	定　义
生产者	生产者(producer)也叫初级生产者,包括所有的绿色植物和化能细菌等,是生态系统中最积极和最稳定的因素
消费者	消费者(consumer)主要由动物组成,它们自己不能生产食物,必须以其他生物为食,只能直接或间接从植物获得能量
分解者	分解者又称还原者(decomposer 或 reducer),是分解已死的动植物残体的异养生物。从能量的角度来看,分解者对生态系统是无关紧要的,但从物质循环的角度看,它们是生态系统不可缺少的重要组成部分
形态结构	形态结构式指生态系统在内部和外部的配置、质地与色彩
营养结构	营养结构是一种以营养为纽带,把生物和非生物紧密结合起来,构成以生产者、消费者和分解者为中心的抽象结构
食物链	食物链(food chain)是植物所固定的太阳能通过一系列的取食和被取食在生态系统内不同生物之间的传递关系。在自然界中,存在着四种食物链类型:捕食食物链、碎屑食物链、寄生食物链和腐蚀食物链,在不同的生态系统中占优势的食物链会有所不同

结合对云设计资源特点的分析,云设计资源的生态系统要素表现如下:

(1)云设计中的资源具有丰富性和多样性等特点;生态系统中的物种也具有多样性,其种类丰富。

(2)运营商提供的平台需具有较高的动态性,设计资源可随时进入或离开此平台;生态系统也具有较高的动态性,随着环境的改变,生物为了生存可以随时进入或离开某一生态系统。

(3)在生态系统中存在着个体、种群、群落和生态系统的行为演化;云设计资源也同样存在个体资源、种群资源、群落资源和云设计资源整体行为演化,云设计生态系统及其资源增值也有一个进化演替的过程。

(4)云设计资源与生态系统具有可比的要素构成。

(5)云设计资源行为类型与生态系统具有相似性。

云设计资源与生态系统的要素对比见表 2-3。

表 2 - 3　云设计资源与生态系统的要素对比

要素名称	定 义	
	生态系统	云设计资源
物种	生物个体	云设计管理对象,设计资源个体
种群	同种生物的集合群	同种设计资源的集合群
群落	不同生物种群的集合	不同设计资源种群的集合
生态系	群落与环境相互作用系统	设计资源群落与云设计环境相互作用的系统
生境	生物特定生活的环境	设计资源所处的运营商提供的平台
能量流动	热能在生物系统的流转	设计资源增值带来能量在云设计资源系统中的流转
信息流动	物种间的联系	设计资源间的信息传递
物质循环	无机化合物和单质通过生态系统的循环运动	设计资源与环境之间的循环运动
消费者	消费生产者制造的有机物	消费设计任务
食物链	有机体的营养位置和关系	设计资源与设计任务形成的营养位置和关系
进化	发展变化满足新环境机制	设计资源适应环境的变化并通过完成设计任务后设计资源获得增值以满足新环境
生存	在争夺相同资源中存活	在争夺设计任务中实现增值
协同进化	物种通过互补而共同进化	设计资源的通过互补而共同增值

2.2.3　云设计资源的生态结构特征

生态系统结构(ecosystem structure)是指系统内各要素之间相互联系、相互作用的方式,是系统存在与发育的基础,也是系统稳定性的保障。生态系统的生态结构包括两方面的内容:生态系统层次结构、生态系统形态结构和生态系统的营养结构。

1.层次结构

生态系统的层次结构反映的是生态系统中的任一事物都具有空间与时间特性,给与其指定的范围(界限),有助于对生态系统的认识和分析。将生态系统要素按照其组成范围不同所形成的整体和局部的关系进行界定,包括个体(物种)、种群、群落和生态系的四层结构。云设计资源层次结构与生态系统层次结构关系见表 2-4。

2.形态结构

生态系统的结构是功能的基础。生态系统结构与云设计资源系统结构对比见表 2-5。

表 2-4　云设计资源层次结构与生态系统层次结构关系

范围	定　义	
	生态系统层次结构	云设计资源层次结构
个体	能相互繁殖、享有一个共同基因库的一群个体;生物分类的基本单位,即具有一定的形态和生理特征以及一定的自然分布区的生物类群;在自然界占据一定生态位	云设计资源分类的基本单位,即以一定形态分布于云设计资源生态系统中的资源类群;在云设计资源生态系统中占据一定生态位
种群	生活在同一场所的同种生物;占据一定地区的某个种的个体总和;种群由个体组成,个体则依属于种群。物种在自然界中以种群为基本单位,生物群落也是以种群为基本组成单位	存在于云设计资源生态系统中不同设计领域具有相似功能的设计资源,占据一定地区的某个种的个体总和
群落	同一时间生活在同一场所的不同种生物;栖息于一定地域或生境中各种生物种群通过相互作用而有机结合的集合体;一定的种群所组成的天然群居	同一时间存在于同一场所的不同种云设计资源,通过生态关系而有机结合的集合体
生态系	在一定空间范围内,植物、动物、真菌、微生物群落与其非生命环境,通过能量流动和物质循环而形成的相互作用、相互依存的动态复合体;在一定空间范围内,所有生物因子和非生物因子,通过能量流动和物质循环过程形成彼此关联、相互作用的统一整体;生物集群与自然环境	在一定空间、时间范围内,所有设计资源、设计任务和环境,设计资源通过设计任务的完成和延续(能量流动和物质循环)形成彼此关联、相互作用的统一整体

表 2-5　生态系统结构与云设计资源系统结构对比

结构要素	云设计资源系统结构要素描述
水平结构	不同类型设计资源承担不同类型的设计任务,某领域的设计任务数量的不同导致不同设计资源的数量也不一样
垂直结构	设计资源价格高低等因素所构成的分层现象
时间结构	设计资源完成不同的设计任务所取得的经验程度及设计资源的老化程度
数量结构	表现出在云设计资源生态系统中设计资源的数量特征

3.营养结构

云设计资源系统营养结构中设计技术、设计知识/信息、设计方法等设计资源依附于设计人员/团队,设计人员/团队作为执行者去完成设计任务,形成网络结构或营养位级。云设计资源系统的关键,为云设计资源系统提供能量,以服务的形式在云设计资源生态系统中形成物质循环和能量流动。

2.2.4　云设计资源的生态关系特征

云设计资源种内关系描述的是同一种群内部云设计资源个体与个体之间的关系。其与生态学中的种内关系对比见表 2-6。

表 2-6　生态系统与云设计资源种内关系对比

种内关系	描　　述	
	生态系统种内关系	云设计资源种内关系
种内竞争	因对资源争夺利用而引起的不同个体之间的相互对抗、争夺状况和行为	某一云设计资源种群内部因对同一设计任务的争夺利用而引起的不同个体之间的相互对抗、争夺状况和行为
合作	在资源获取过程中不同个体之间通过相互合作、利他行为而获得资源	在设计任务获取过程中不同个体之间通过相互合作、利他行为而占据设计任务

云设计资源种间关系是指云设计资源平台中的不同云设计资源种群之间发生各种各样的关系。其与生态学中的种间关系对比见表 2-7。

表 2 - 7　生态系统与云设计资源种间关系对比

种间关系	描　述	
	生态系统种间关系	云设计资源种间关系
种间竞争	竞争现象普遍存在于各种生态系统中,是调解种群增长的重要因素之一。竞争指几种生物利用同种有限资源所产生的相互抑制作用	不同设计领域或不同类型的设计资源间争夺同一设计任务所产生的相互抑制作用
捕食关系	某种生物消耗另一种其他生物活体的全部或部分身体,直接获得营养以维持自己生命的现象	设计资源占据并完成设计任务部分或全部,直接获得设计资源增值的现象
互利关系	共生也称为互利,是不同物种个体之间的互惠关系,互利能够增加合作双方的适合度	不同设计资源之间通过合作或依附等形式能够增强设计资源的增值程度,并能更好地实现设计服务的输出
协同进化	许多物种之间的关系是一种相互作用、相互影响的关系,表现在一个物种的性状作为对另一物种性状的反映而进化,而后一物种的这一性状本身又作为前一物种性状的反映而进化	设计资源之间通过竞争、捕食、共生等关系表现出来的相互作用或相互影响

2.3　云设计资源生态化管理框架设计

2.3.1　云设计资源生态化管理运行原理

结合云制造运行原理和云设计资源的生态系统特征,围绕云设计资源管理内容构建基于生态学的云设计资源管理运行原理如图 2 - 6 所示。

根据图中描述的运行原理,分别从以下几方面讨论其形成过程:

1. 云设计资源生态系统

云设计资源生态系统是云设计模式下的设计云,是云设计资源管理的核心,是提供云服务的基础,将大量的设计任务、设计资源、网络支持资源、设计资源提供者和用户按生态系统组成形式聚合在一起所形成的动态云服务中心,其将形式、功能等各异的能为产品设计提供有用的资源整合到统一的基础架构中并实现统一化,将独立的资源转化为能高效共享,实现随时获取和按需取用的平台支持,实现了以服务为导向的云设计资源管理架构。通过生态位理论准确地对不同条件下云设计资源进行识别和测度,进而为云服务提供了自动部署、配置和高效管理等功能。

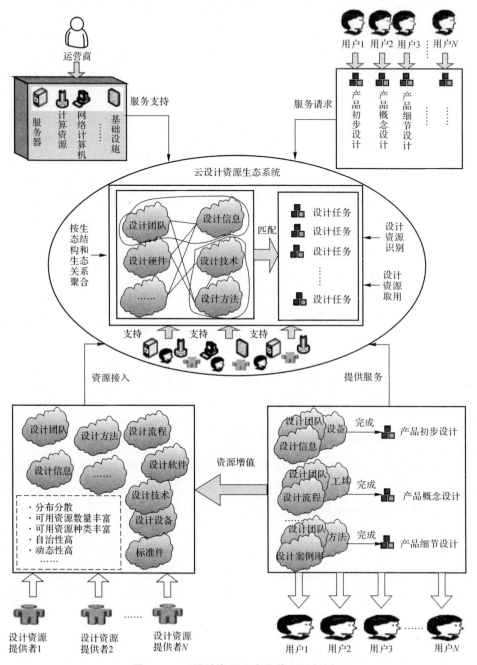

图 2−6 云设计资源生态化管理运行原理

2.设计云服务

设计云服务是云设计资源管理系统的重要输出之一,作为设计云的基本要素,可以通过网络为用户提供产品设计全过程的应用,可以是单独的概念设计或功能设计等设计服务,也可以是产品设计全过程的设计服务。

3.资源的增值

资源的增值是云设计资源管理的另一重要输出,通过对设计资源进行选择和组合,发挥设计资源的功能,使之能最大程度地获得收益和能力的提升,从而形成新的设计资源,重新纳入到云设计资源生态系统中。另一方面,用户也从设计云服务中实现了设计任务的目标,实现了设计任务的增值,用户可根据需要发起新的任务需求,也可重新纳入到云设计资源生态系统中。

2.3.2　云设计资源生态化管理框架构建

由于云设计环境下设计资源种类繁多、地域分散、功能和形式各异、数据格式各异,要快速、灵活组织资源,实施协同设计,就必须对其进行集成,使其协调工作,充分发挥其整合优势。云设计资源优化配置最终目的是形成网络化资源市场和配置环境,实现资源的集成管理与控制,提供可随时获取的、按需使用的服务。资源是其存在的必要条件,资源来源于资源提供者向云设计资源池提供的网络化资源,又要求有不同于单个资源提供者的定义和描述,因此对云设计资源的管理提出了相应的要求,具体如下:

(1)准确描述资源层次结构:由于网络化设计中设计资源归属对象广泛性和复杂性的特点,对资源层次结构的描述要求提供其逻辑关系描述的方法,如资源分类、分类标准、分类原则等,使这种描述方法既能方便、有效地管理网络中的资源,又能被用户广泛接受。

(2)资源属性的准确定位:资源本身的属性是系统、复杂、多角度的。不同应用范围、应用场合对资源信息获取的侧重点不同。网络化资源配置要求资源描述能反映其可用性、可配置性、可得性和能力状况等信息。

(3)提供统一资源描述方法:统一资源描述方法使异构系统资源在网络化资源配置平台统一,并通用化。同时,为各种先进制造模式如动态联盟、并行设计等在资源约束统一接口的要求上提供良好支撑。

(4)为有效管理资源提供支持:制造资源建模应能充分考虑资源的有效管理,且为资源库的建立提供重要依据和参考。

(5)节约资源和成本:应考虑重用资源池范围内已有的知识和经验。

(6)要求模型来源于系统的需求和功能,并为新系统的设计、实施提供支持。

　　因此基于云制造的运行原理与关键技术,结合云设计资源系统的构成和对设计资源的要求,构建了云设计资源的生态化管理框架模型,如图 2-7 所示。

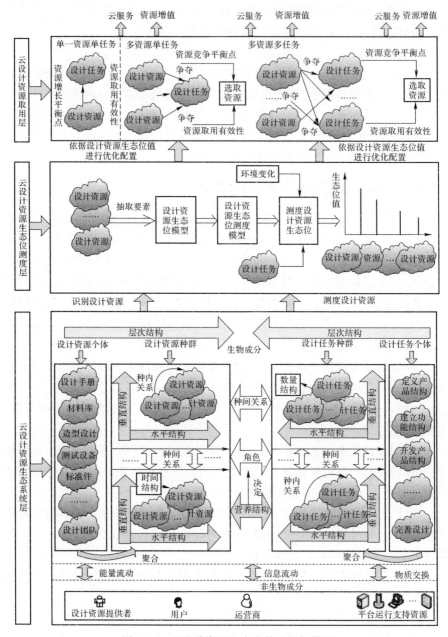

图 2-7　云设计资源生态化管理框架模型

其由三个关键部分构成：

1.云设计资源生态系统层

云设计资源生态系统层的功能是按照生态系统组成和结构对资源进行聚合形成设计云。

首先云设计资源生态系统构成的基础是提供产品全生命周期过程中所涉及的各类资源，与云制造中的物理资源相对应，包括设计资源、资源提供者、用户、运营商、任务和网络支持资源，并进行了详细的分类，具体内容为 1.4.3 小节中提及的云设计资源，这些资源分布是不均匀且动态变化的，是构建云设计资源生态系统的基础。

其次云设计资源生态系统层属于设计云，是云设计系统架构的核心，与云制造中的制造云（云服务资源池）功能一致，是将云设计资源层中大量的设计资源分成设计资源生物成分和设计资源非生物成分，通过一定的生态关系、生态结构和角色将设计资源生物成分聚合在一起形成云设计资源生态组成形式，所有的资源不均匀且动态变化地分布在其中，所有的资源部署、取用、管理均在此系统中，按照适者生存的原则实现资源的取用。云设计资源生态系统层通过将异构的资源整合到统一的基础架构中并实现标准化，为资源使用从独占方式转变为完全共享服务方式提供了平台支持，实现了以服务为导向的运行架构，提供了对云服务的自动部署、配置、高效管理等功能。

2.云设计资源生态位测度层

云设计资源生态位测度层的功能是识别设计资源，准确掌握设计资源的状态。其借鉴生态位理论识别云设计资源在不同条件下处于云设计环境中的位置。生态位理论是生态学中的基本理论之一，是生态学研究物种之间的竞争性、物种对环境的适应性、生态系统的多样性和稳定性等问题的重要理论。生态学中的生态位是指每个物种在群落中的时间、空间位置及其机理关系，或者说群落内一个物种与其他物种的相对位置，其准确地度量出不同环境下不同生物的差异性。

设计资源生态位是个多维的概念，它反映了在云设计资源系统中设计资源在特定时期、特定环境中的生存位置，也反映了设计资源在该环境中的所占据的能力；生态因子所形成的梯度上的位置，还反映了设计资源在生存空间中扮演的角色。根据生态位理论"态"和"势"的属性分析，设计资源生态位模型应包含两部分内容，一是对设计资源生态位进行分层，以确定相应的"态"和"势"属性；二是对设计资源生态位维度进行分类，确定"态"和"势"的内容。云设计资源生态位测度层是实现云设计资源取用的关键，以产品设计任务对资源的需求为基础，从而对资源满足任务的程度进行识别，并通过生态位宽度来反映资源在云设计资源生态系统中的相对位置,以便为设计资源取用提供基础。

3.云设计资源取用层

云设计资源取用层是设计云平台的核心服务层,利用生态系统的功能形成动态云服务中心,能透明地为用户提供可靠的、廉价的、按需使用的产品全生命周期应用服务。由于生态系统中资源的限制,生物为了生存,会依据不同的资源限制条件,根据生态位并借助生态关系获取或占据资源,通过调节机制自动分配所需资源,进一步实现设计资源进化。在云设计生态系统中不同的个体之间的生态位关系不同,设计资源个体之间在捕获设计任务的过程中存在多种竞争方式。因此,在云设计生态系统中,存在多种云设计资源匹配类型。

(1)单设计任务下单云设计资源的取用。这是最简单的一类云设计资源匹配类型。在这种模式下,生态系统中只存在单设计任务和单云设计资源,这一设计任务必然由设计资源来捕获和完成。资源种群密度会制约增长率。此时,运营商需要明确在单任务供应条件下,资源种群的规模应当怎样发展,资源种群在多大的种群密度下实现动态平衡与稳定。

(2)单设计任务下多云设计资源的取用。这种云设计资源匹配类型比第一种复杂。在这种模式下,生态系统中存在单设计任务和多种云设计资源。各设计资源之间必然会发生竞争,其竞争结果可能是由一种资源捕获任务,其他资源被排斥,也可能是多种资源实现稳定共存,共同完成任务。资源种群密度制约增长率的程度取决于种群占有资源和保持资源的能力。此时,运营商需要明确资源的种间与种内竞争强度,明确发生竞争排斥或稳定共存的条件。

(3)多任务并行下云设计资源的取用。这是最复杂的云设计资源匹配类型。在这种模式下,生态系统中存在多种设计任务和多种云设计资源。各种设计资源对不同的任务有不同的相对竞争优势结构和不同的任务完成效率,任务的供应情况会决定资源竞争的结果。此时,运营商需要明确任务供应点的不同位置怎样影响资源取用,以及资源怎样适应不同任务的要求才能实现资源的生存与种群的稳定。

2.3.3 云设计资源生态化管理关键技术

在设计云构建过程中,结合生态学理论和制造云的相关理论和技术,根据设计云构建的不同层次,分析总结了构建过程中所涉及的主要关键技术。

1.云设计资源生态系统构建

设计资源生态系统模型是研究基于生态位的设计资源识别、测度和基于生态关系的设计资源取用基础,是实现设计资源的虚拟化,适用于所有云架构的一种基础性设计技术,通过生态系统映射关系对资源进行分类和聚合而建立的设计资源生态结构和生态关系;将资源定义生产者、消费者和分解者的角色,并与环境相结合,使设计资源系统具有相似的生态系统功能。由此设计资源的生态结构和生态关系的映射是构建设计资源生态系统模型的基础,也为运用生态学方法解决设计资源发现与取用提供基础。

2.云设计资源生态位测度

资源差异性通过资源生态位进行度量,资源生态位模型中对资源的"态"和"势"的确定要能全面反映任务对资源能力的要求,因此要解决生态因子构建和分层,建立云设计资源生态位模型;同时从多维度综合建立云设计资源的测度模型和方法,反映生态位的可测度值,从而根据生态位大小计算值进行排序,从而为结合云设计资源生态系统对云设计资源进行组合、部署提供基础,形成可共享的云设计资源,便于针对不同的设计任务需求提供不同类型的设计云服务。

3.云设计资源取用

根据云设计资源的识别结果,针对不同任务、不同资源的限制,通过资源捕获任务的平衡点和有效性计算,为不同类型的云服务选择相应的取用方式。

2.4　本章小结

本章从云设计资源特点、生态系统要素、生态结构特征和生态关系特征四方面阐述了云设计资源的生态系统特征,并提出了生态学原理在云设计资源管理运用中的思路和框架,构建了云设计资源生态化管理框架。

第3章　云设计资源生态化模型

3.1　云设计资源生态系统成分

虽然存在许多种生态系统类型,但一个发育完整的生态系统的基本成分都可以概括为生物成分和非生物成分两大类,而生物成分又可以划分为三大功能群:生产者、消费者和分解者。一个完整的生态系统应该包括生产者、消费者和分解者三种基本角色,因此云设计资源生态系统中的资源也包括三种角色。

3.1.1　云设计资源生态系统生物成分

1. 生产者

在云设计资源生态系统中,用户提供的需求——设计任务,是实现设计资源增值的基础,设计任务的营养来自于用户需求的驱动,同时没有设计任务,在云设计资源系统中设计资源将没有存在的意义和生存的基础,因此将设计任务作为云设计资源生态系统中的生产者。设计任务作为生产者至少有三个重要作用:①它固定了来自于无机非生物环境的能量,这里的能量可以看作一种对设计资源生态系统的驱动力,系统内的其他生物成分之间的能量循环,其源头就是来自于生产者(设计任务),没有生产者,就没有了能量的流入,系统内的其他生物成分就丧失了动力,无法进行基本的生存活动和发展活动。当然,系统内的能量来源于其无机环境,也就是提供需求的用户,但如若没有设计任务对其加以固定,就不会流入云设计资源生态系统内的设计资源群落中,促进各种设计资源进行活动。②它在一定程度上决定了云设计资源生态系统中的设计资源物种和设计资源种群。只有能够以其为食,形成食物链的捕食者,和其他依赖于此,形成食物网的其他设计资源才能够在这个系统内生存,形成设计资源群落。③设计任务作为系统的生产者,能够有力地促进物质循环。生存于生态系统中的生物成分,都拥有一定的物质架构,其所需要的物质成分主要存在于生态系统的无机非生物环境中。例如,作为设计资源的提供者,现实中的各种组织——学校、科研单位、企业等,能够提供多种多样的设计资源,例如设计人员、知识/信息资源和软件资源。如果没有设计任务这类生产者,那么这些资源只是处于一种闲置的状态,没有进入系统内的物质循环,无法发挥其作用。设计任务作为生产者,是生态系统内生物成分所利用的一切必要物质元素的源泉,云设计资源生态系统缺少了设计任务将会停止运行。

2. 消费者

消费者是不能用无机物直接制造有机物,直接或者间接地依赖于生产者所制造的有机物的生物,属于异养生物(heterotroph)。根据取食地位和食性的不同,可分为初级消费者、二级消费者、三级消费者等等。虽然消费者是生态系统的非必要成分,但其在生态系统中也起着重要作用。

在云设计资源生态系统中,设计资源提供者提供的资源不能自身提供给自己营养而实现增值,它是直接或者间接地依赖于设计任务(生产者)才能实现自身的增值,只有通过获得设计任务后将设计任务转化成设计资源的营养,才能维持设计资源的生存和进一步的发展,因此将设计资源作为云设计资源生态系统中的消费者。设计人员就是云设计资源生态系统中非常典型的消费者,具有较强的能动性,也是完成设计任务的关键资源,其与设计任务之间形成的捕食关系,是生态系统中最为重要的生态关系。此外,设计能力、设计知识/信息、设计软件等也是非常重要的消费者,它们与设计人员之间形成了共生的生态关系。消费者在生态系统中,不仅对初级生产物起着加工、再生产的作用,而且对其他生物种群数量起着重要的调控作用,这种作用是通过消费者与其他生物成分之间的生态关系来实现的。例如,设计人员所具备的能力是有限的,基于共生关系而在云设计资源生态系统中正常发挥功能的设计能力种群,其依赖于其所依附的设计人员种群的大小。此外,以同种设计任务种群为捕食对象的设计人员种群之间往往会形成竞争或者合作的生态关系,使各自种群的大小产生变动。

3. 分解者

分解者又称为还原者(reducer)。分解者影响着生态系统的物质再循环,是任何生态系统都不能缺少的组成成分。

在云设计资源生态系统中,设计流程是分解设计任务,当设计任务被完成后形成服务还返给用户,从而通过用户可能形成新的需求和设计任务;另一方面,设计资源利用设计流程指导设计任务的完成,对在整个设计过程中所产生的知识、经验、信息进行"固定",有效地收集和整理,将其"释放"到云设计资源生态系统的无机非生物环境中,对系统内所有设计资源活动进行支持。当设计任务被完成后,设计资源得以增值还返给设计资源提供者,从而通过资源提供者可能提供新的设计资源。因此将设计流程作为云设计资源生态系统中的分解者。

3.1.2　云设计资源生态系统非生物成分

在云设计资源生态系统中,非生物成分通常指的是为设计资源、设计任务这些生物成分提供能量的部分。与自然界的生态系统类似,云设计资源生态系统也分为非生物无机环境成分和生物成分。生态系统的非生物无机环境(abiotic environment)即非生物成分,包括驱动整个生态系统运转的能源和热量等气候因子,主要指太阳能以及其他形式的能源,温度,湿度,风等;生物生长的基质和媒介,主要是指岩石、砂砾、土壤、空气、水等;生物生长代谢的材料,主要指参加物质循环的无机元素和化合物及有机物质。云设计资源生态系统的非生物无机环境成分,指的是为资源提供支持和能量、物质输入的成分。生物成分中所循环的能量和物质的始端就是无机非生物环境。那么在云设计资源生态系统中对于设计任务来说其来源于用户的需求,只有用户有了需求以后才能形成设计任务,是设计任务存在或获取能量的基础,同时用户需求还会提出成本、进度、质量等方面的约束,从而影响设计任务在云设计资源生态系统中的位置;对于设计资源来说其来源于设计资源提供者,设计资源能否增值依赖于设计资源能否获取任务或愿意让设计资源参与设计任务,从而影响设计资源在云设计资源生态系统中的位置;另一方面,设计资源和设计任务之间要发生联系,还需要云设计资源平台的支持,运营商提供的网络化设计支持资源为其搭建了桥梁,它的运行效率、开放程度、共享水平等影响了设计资源的增值和设计任务服务的输出,其也是为设计任务和设计资源提供能量的重要部分。

基于上述观点,提供任务需求的用户、设计资源的提供者、运营商以及运营商提供的网络化设计支持资源被看作云设计资源生态系统的非生物成分。

3.2　云设计资源系统生态结构模型

3.2.1　层次结构模型

云设计资源生物种群是研究生态关系和生态结构的基本对象,而云设计资源生物种群的基本组成单位是云设计资源生物个体。个体、种群、群落和系统,构成了云设计资源生态系统的四层结构,如图3-1所示。

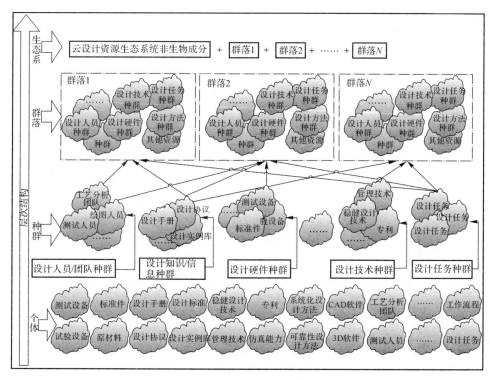

图 3-1 云设计资源生态系统的四层结构

1. 云设计资源生态系统个体

云设计资源个体指的是云设计资源生态系统中的生物成分的基本单位。它的生存与发展受到环境和其他生物个体的影响,具有特定的生命周期,有着出生、生长、消亡的固定过程。在云设计资源系统构成中除云设计资源个体外,还包括设计任务个体。

(1)设计任务个体。用户提供的设计任务应与设计过程相对应,包括过程中的每一项具体的任务,每一项具体的任务就是设计任务个体。德国的 Pahl 和 Beitz 提出的工程设计模型被认为是迄今为止应用最广泛的设计过程模型。该模型包括四个主要阶段:任务说明,概念设计,具体化设计和详细设计。

设计任务由设计过程的基本组成单元构成,这种单元可以按照时间维度进行划分,如将整个设计生命周期划分为不同的时间阶段;也可以按照功能维度进行划分,如将最初的设计任务划分为有着不同功能目的的子单元;除此之外,针对不同领域比如电子产品、机械产品等领域涉及的家电、汽车、机械、设备、零部件、机器人、加工工具等,具有较高的复杂性,通常也会将设计任务划分为一系列子任务,交由不同的设计人员/团队承担,并利用相关设计资源完成不同的子任务,最终交付完整的产品设计任务。

在设计活动中,一般会由一个确定的组织单位来承接某一个设计任务。这种组织单位可能是伴随设计任务而产生的、有着明确生命周期的临时性组织,例如各种项目组,也可能是在此任务产生之前便已经存在的长期性组织,例如企业、学校、科研单位、工厂中的各个部门。在设计资源生态系统中,设计任务作为一种生物成分,与其他的生物成分有着相对稳定的生态关系,在整个生态系统中也有着相对确定的活动层级。也就是说,某个设计任务由哪个组织来承接,在其整个生命周期中又会受到哪些组织的影响,是由其在生态系统中的位置、所处食物链的环节来决定的。

(2)设计资源个体。资源提供者提供的设计资源需满足设计任务的各个环节,这些资源包括设计人员/团队、设计知识/信息、设计技术、设计方法、设计软件、设计硬件、设计能力、设计流程等;同时设计资源个体与设计任务个体一样,资源提供者提供的资源是针对不同领域的,比如电子产品、机械产品等领域涉及的家电、汽车、机械、设备、零部件、机器人、加工工具等不同设计领域的设计任务所需的设计资源,而这些不同领域的每一个设计资源就构成设计资源个体,比如设计人员中的每一位空调压缩机工艺设计人员或每一位冰箱压缩机工艺分析人员就是设计资源个体,又如设计技术中包括的每一项专利、稳健设计、管理技术等都是设计资源个体。

2.云设计资源生态系统种群

在云设计资源生态系统中,单个的生物个体是没有意义的,它在整个生态系统中的地位是通过大量的同类聚集体——云设计资源种群——来体现的。在云设计资源生态系统中,存在着多个云设计资源种群,如设计能力种群、设计人员种群、任务种群等。类似于生态学下的种群定义,云设计资源种群是同质的设计资源个体的集合,云设计资源个体的生存与发展,依赖于其所处的云设计资源种群,它们之间有着一定的生态关系和相互作用;云设计资源个体在整个设计过程中所起的作用和所处的地位,必须经过种群层面上的集合(并非单纯的累加)才能够被界定。云设计资源种群构成示意图如图3-2所示。

综上所述,从云设计资源定义角度强调对设计资源功能的使用,因此在对资源个体描述时通过设计资源所表现出来的功能来进行反映,但其包括了不同设计领域,不同设计领域的设计资源可以构成某一设计资源种群,如图3-2所示压缩机设计知识/信息种群是设计知识/信息种群的组成部分;针对设计任务也是如此。云设计资源系统的种群和个体构成见表3-1。

表3-1　云设计资源系统中种群和个体构成

产品设计领域:电子产品,机械产品等领域涉及的家电,汽车,机械,设备,零部件,机器人,加工工具等

	设计任务种群			
种群	计划和澄清任务种群	概念设计任务种群	具体设计任务种群	细节设计任务种群
个体	• 规划和澄清任务 • 分析和识别公司等状况 • 找到并选择产品概念 • 形成产品概念 • 澄清任务 • 形成详尽的需求列表	• 开发原理理解 • 识别基本问题 • 建立功能结构 • 寻找工作原理和工作结构 • 综合形成概念变型 • 根据技术和经济标准进行评价	• 开发产品结构 • 材料选择和计算选择,最后初步设计 • 完善设计 • 根据技术和经济标准进行评价 • 定义产品结构 • 消除弱点 • 检查错误,干扰和使成本最小化 • 准备初步零件清单和生产与装配文件	• 准备生产和操作文件 • 详细绘制细部图纸和零件清单 • 完成生产,装配,运输和操作说明 • 检查所有文件

	设计资源种群									
种群	设计人员/团队种群	设计硬件种群	公共服务资源种群	计算资源种群	设计软件种群	设计知识/信息种群	设计技术种群	设计能力种群	设计方法种群	设计流程种群
个体	• 产品概念开发人员/团队 • 产品工艺设计人员/团队 • 设备操作人员/团队 • 产品测试人员/团队 • 产品设计图绘制人员/团队 • 团队管理人员/团队	• 标准件 • 测试设备 • 设计零部件材料 • 设计所需原材料 • 试验设备	• 产品设计培训机构 • 产品设计信息查询平台 ……	• 高性能计算机个体 • 存储器个体 ……	• CAD软件 • 3D设计软件 • 仿真软件 • 分析软件 ……	• 设计手册 • 设计协议 • 设计标准 • 设计实例库 • 设计规则库 • 标准件库 • 文档库 • 产品结构信息 • 产品功能信息 ……	• 专利 • 稳健设计 • 信息技术 • 管理技术 • 一般设计理论 • 通用设计理论 • 公理化设计理论 ……	• 产品设计工艺能力 • 设计软件能力 • 仿真能力 • 测试能力 • 试验能力 ……	• 系统化设计方法 • 功能模块化设计方法 • 可靠性设计方法 • 造型设计方法 • 计算机辅助设计方法 • 优化设计方法 ……	• 澄清任务流程 • 建立功能结构流程 • 初步设计流程 • 完善设计流程 • 详细绘制流程 ……

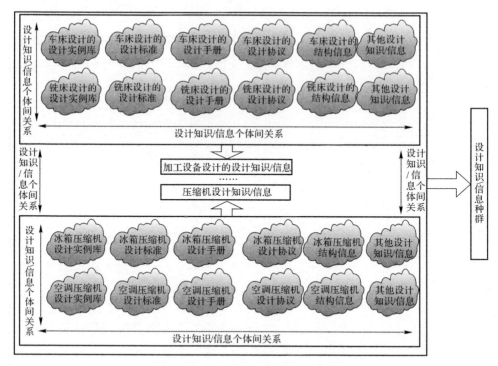

图 3-2　云设计资源种群构成示意图

3.云设计资源生态系统群落

在云设计资源生态系统下,设计资源群落是特定时间和空间中各种设计资源种群之间以及它们与环境之间通过相互作用而有机结合的具有一定结构和功能的复合体。各个设计资源个体的分布是有序的,遵循一定的结构,这种结构是设计资源群落中各设计资源种群之间以及设计资源种群与环境之间相互作用、相互制约而形成的。需要注意的是,这种结构是相对稳定的,但并非固定不变,随着时间和空间的变化,设计资源的组成到结构都会发生一定的变化。根据不同领域和不同类型的任务,设计资源会进行聚类,形成一个或者多个云设计资源群落。云设计资源系统中群落的产生与发展,取决于设计资源对环境的适应和各云设计资源种群之间的相互适应。云设计资源群落构成示意图如图 3-3 所示。

4.云设计资源生态系

云设计资源生态系是由不同的提供任务需求的用户、设计资源的提供者、运营商以及运营商提供的平台运行支持资源所构成的云设计资源生态系统非生物成分,以及不同的设计资源群落、设计任务群落所构成的云设计资源生态系统非生物组成。云设计资源生态系构成示意图如图 3-4 所示。

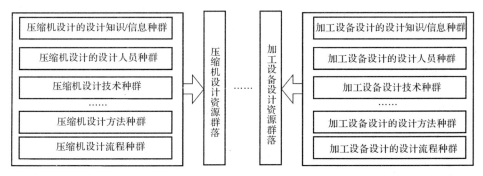

图 3-3　云设计资源群落构成示意图

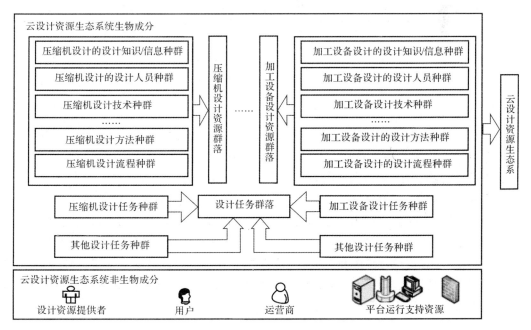

图 3-4　云设计资源生态系构成示意图

3.2.2　形态结构模型

1. 水平结构

云设计资源生态系统中资源提供者提供的设计资源或用户提出的设计任务,按照资源本身的特点以云设计资源种群的形式聚集,其搭配不一致,水平分布也不一致,有的呈均匀分布,有的成群成组出现,这是由于设计资源群落内部因素的局部不均匀性造成的,也是由于设计资源提供者对拥有的设计资源增值期望,导致设计资源表现出的行为相适应的。云设计资源水平结构的分布形式有均匀型、随机型和集群型,其中均匀分布在自然界较少见,集群型最为常见。云设计资源的水平结构如图3-5所示。

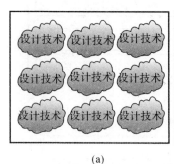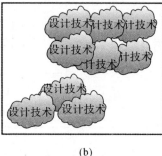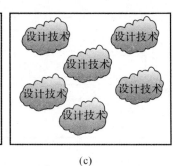

(a)   (b)   (c)

图3-5　云设计资源水平结构

(a)均匀型分布；　(b)集群型分布；　(c)随机型分布

2.垂直结构

由于资源提供者提供的设计资源差异很大,以及不同设计资源对完成任务的质量和满足任务要求的程度也不同,设计任务在时间、质量、成本等方面对设计资源的要求也不一样,那么设计资源和设计任务以价格(费用)的形式呈现在云设计资源平台之中,并且价格的差异使得它们以高低错落(分层)的方式排列在一定的空间位置上;同时通过产生的分成层现象,保证设计资源从不同空间(高度)获取任务,避免发生资源冲突,实现共生,从而形成云设计资源垂直结构。当然随着外部环境的变化,比如设计任务较少时,设计资源不得不降低价格来获取设计任务,因此设计资源的垂直结构也会发生相应的变化。云设计资源垂直结构示意图如图3-6所示。

3.时间结构

云设计资源时间结构通过设计资源种群内设计资源完成不同的设计任务所取得的经验程度及设计资源的老化程度,将设计资源种群内由不同经验程度及设计资源的老化程度的个体按数量多少或百分比大小进行排序,将设计资源划分为四个维度,即Ⅰ新生资源,代表新加入云设计资源生态系统中,未积累设计经验,但具有潜力,其使用价值较低,可考虑先分配要求较低的设计任务;Ⅱ劣质资源,代表加入云设计资源生态系统并通过完成设计任务后,积累的设计经验较低,且属于即将被市场淘汰的设计资源,可考虑退出云设计资源生态系统;Ⅲ老化资源,代表加入云设计资源生态系统并通过完成设计任务取得较高的经验积累,但属于即将被市场淘汰的设计资源,可考虑先分配要求居中的设计任务;Ⅳ优质资源,代表加入云设计资源生态系统并通过完成设计任务后,积累的设计经验较高,其使用价值偏高,可考虑分配要求较高的设计任务。如图 3-7 所示。

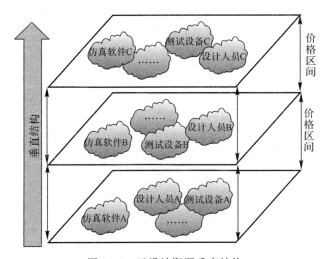

图 3-6　云设计资源垂直结构

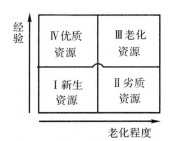

图 3-7　云设计资源时间结构图

4.云设计资源数量结构

在云设计资源生态系统中,一方面由于设计资源种群的时间结构,会有新的设计资源加入云设计资源生态系统,或者由于设计资源老化,不再给其分配任务,将被淘汰;另一方面由于设计资源的自治性,设计资源可以随时进入或退出云设计资源生态系统。因此云设计资源种群的数量变动或密度变化的因素可以通过进入率、退出率、新产生率、淘汰率进行反映,它们的综合作用或对比大小会改变设计资源种群数量。

例如在设计知识/信息种群中,随着设计任务的进入,设计手册、设计协议、设计标准、设计实例库等设计知识/信息可以根据设计资源提供者的意愿随时进入或退出云设计资源生态系统;随着科技的发展,设计手册或设计标准等设计知识/信息已经不能满足设计的需要,设计资源出现老化,必将被云设计资源生态系统所淘汰,同时新的设计手册、设计标准等设计知识/信息将产生,以替代被淘汰的设计资源,因此云设计资源种群的数量结构如图3-8所示。

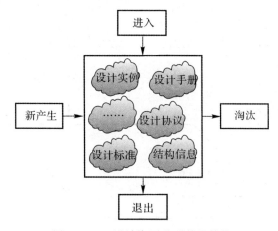

图 3-8 云设计资源种群数量结构

3.2.3 营养结构模型

云设计资源系统中的营养结构是云设计资源系统内的生物成分之间通过食物网或食物链构成的网络结构或营养位级。其将云设计资源系统中的生物和非生物结合起来,构成反映了角色,以生产者、消费者、分解者为中心的抽象结构。云设计资源系统的能量流动、物质交换和信息交换的过程通过这一纽带得以实现,即用户、设计资源提供者、网络化支持资源等的物质和能量的作用是为各种设计资源提供物质和能量;生产者(设计任务)的作用是转化物质和能量;消费者(设计资源)的作用是推动物质和能量在群落中的流动;分解者(设计流程)的作用是把物质和能量归还到云设计资源生态系统中,从而推动云设计资源系统运行。云设计资源生态系统的营养结构示意图如图3-9所示。

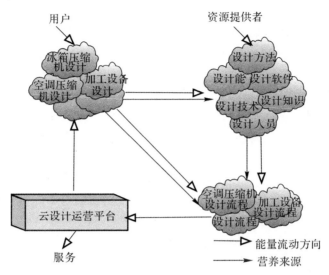

图 3 - 9　云设计资源生态系统的营养结构示意图

3.3　云设计资源系统生态关系

总体上来说,种间关系包括竞争关系、捕食关系、互利关系、协同进化关系和共存关系等,在云设计资源生态系统中对于种间关系重点研究竞争关系、捕食关系、共生关系、协同进化关系等方面。

根据云设计资源生态关系特征分析,云设计资源生态关系的类型可分为以下四类:云设计资源捕食关系、云设计资源竞争关系(包括种内竞争和种间竞争)、云设计资源互利关系(包括种内合作和种间互利)和云设计资源协同进化。

3.3.1　捕食关系

在云设计资源生态系统中,捕食关系是最常见的。由于云设计资源生态系统的营养结构决定了捕食关系是云设计资源生态系统中必须具备的生态关系(否则云设计资源生态系统将不能实现物质和能量的交换和转换),因而设计资源必须通过完成设计任务以实现设计资源增值,否则其存在于云设计资源生态系统中没有意义。设计人员属于主动性设计资源,具有能动性,是设计活动的执行者,是设计过程的主体,一切设计任务的完成都是设计人员利用或借助设计能力、设计技术、设计软件、设计方法、设计流程和设计知识/信息等设计资源去完成。在产品设计活动过程中,设计人员是所有设计资源中唯一直接消耗设计任务而获得增值的设计资源,其他设计资源需要依赖人去间接消耗设计任务而获得增值,因此设计资源与设计任务之间形成捕食关系,设计资源称为捕食者,设计任务则称为猎物。

在设计资源与设计任务这一捕食关系下,设计任务通常在进度、质量、费用等方面有相应的要求来防御设计资源(捕食者),换句话说,由于设计任务的差异性及设计资源的差异性,不是所有的设计资源都能随意地为设计任务提供支持;同时由于设计资源的垂直结构,设计资源选择设计任务时,云设计资源生态系统中的自然选择将使设计资源选择那些最有利的设计任务,最有利的设计任务是能够使设计资源在单位时间内获得最大程度增值的设计任务;不同的设计资源根据自身条件会选择最适合的、最有利的设计任务去执行,根据生态系统中的最佳摄食理论,任何设计资源都不会捕食不利的设计任务,不论该设计任务的可获得性如何之高。在云设计资源系统中存在的捕食关系如图 3-10 所示。

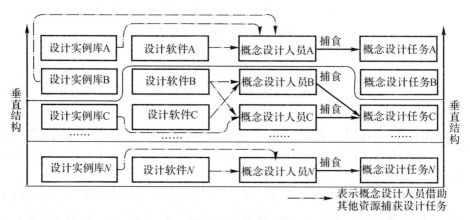

图 3-10　云设计资源捕食关系示意图

3.3.2　竞争关系

竞争关系是指具有相似要求的设计资源个体(种群)(两种或多种)为了争夺设计任务,相互抑制,给对方带来不利影响。种间竞争的结果分为两种:一个设计资源种群被另一个设计资源种群完全排挤掉;或者一个设计资源种群迫使另一设计资源种群改变其垂直结构(实现分隔)等。较为典型的竞争关系包括种间竞争和种内竞争两方面。

1. 种内竞争关系

云设计资源生态系统中种内竞争关系是一种常见的生态关系,主要是由于云设计资源种群数量结构中的密度效应而导致对设计任务的争夺,同一类型云设计资源物种间为了使自身获得增值,将对设计任务产生竞争,具体表现为当设计任务数量有限时,同一设计资源物种间必须通过竞争而获得任务并实现增值;当设计任务数量较丰富时,同一设计资源物种为实现最大程度的增值,也将产生对设计任务的竞争,竞争成功者将实现最大程度的增值,而竞争失败者将不得不选择其他的设计任务。种内竞争可以是同一类型设计资源间的竞争,比如 CAD 设计软件之间的竞争,空调压缩机概念设计人员之间的竞争;也可以是不同设计领域的设计资源间的竞争,比如空调压缩机概念设计人员与冰箱压缩机概念设计人员之间竞争汽车空调压缩机概念设计任务。在云设计资源系统中存在的种内竞争关系示意如图 3-11 所示。

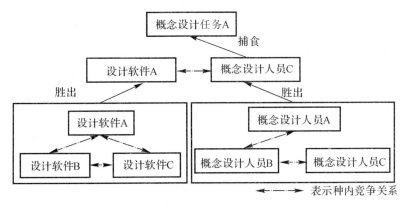

图 3-11　云设计资源种内竞争关系示意图

2.种间竞争关系

在云设计资源系统中体现的种间竞争关系主要表现为以设计任务利用性竞争为主。云设计资源种间竞争的动力来源还是来自于云设计资源本身为了增值,但是实际中要考虑到资源的时空等因素,不仅仅是考虑面向功能的因素,不同类型的设计资源间由于环境的影响导致对设计任务的竞争。例如在概念设计人员执行某零件概念模型构建中可以采用 3D 绘图软件实现(较易获取,质量适中,成本低,时效性高),也可以选择人工绘制图纸(易获取、质量适中、成本适中、时效性低),或采用 3D 打印技术构建实体模型(难获取,质量好,成本适中,时效性适中),但由于时间、成本、质量等限制,在这一过程中设计技术、设计方法、设计软件等种群间将形成竞争关系,谁最终被采用将获得增值。在云设计资源系统中存在的种间竞争关系如图 3-12 所示。

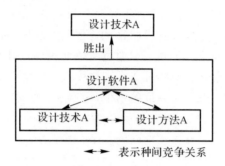

图 3 - 12　云设计资源种间竞争关系示意图

3.3.3　互利关系

云设计资源生态系统互利关系就是指设计资源个体之间彼此互相依存，双方获利，是不同设计资源个体之间的互惠关系，能够增加合作双方的适合度。如果互利合作双方是通过自然结合方式而共同生存，那么这种互利称为共生互利；相反非共生互利的合作双方则是不在一起生存。较为典型的互利关系包括种内合作和种间互利两方面。

1. 种内合作

云设计资源系统中各设计资源个体为了能够更好地生存与发展，往往会尝试与种群内其他个体进行协作，这样能最大程度地利用环境资源，优化捕食效率。比如捕食（狼）、报警（猴、鸟）、分食（狗）、照顾别人的后代（猴）、哺育及抚养后代（鸟、人）、托儿及诱拐现象（驼鸟），这些合作关系都发生在种群内部。设计任务的复杂性越来越高，单一的设计资源越来越难以独立地发挥自身的作用，尤其是以组织形式存在的设计人员主体，必须打破组织壁垒，建立良好的沟通渠道，共同进行设计工作。因此设计资源种内合作关系必然存在，相互之间不存在依赖关系，分离后各自均能够独立生存。在云设计资源生态系统中存在的种内合作关系如图 3 - 13 所示。

2. 种间互利

由于设计任务的复杂性，对传统的设计资源要求越来越高，设计人员必须利用设计技术、设计方法、设计软硬件、设计知识/信息、设计能力等设计资源，以提升完成任务的质量和效率，而设计技术、设计方法、设计软硬件、设计知识/信息、设计能力等设计资源通过依附于设计人员这类执行者而实现自身的增值，同时设计技术、设计方法、设计软硬件、设计知识/信息、设计能力等设计资源之间也可以配对。例如设计技术与设计方法的结合，提升设计效率，降低设计成本，实现自身的增值，从而各设计资源种群间形成云设计资源种间的互利关系,其互利与兼性互利一样,各物种之间不是固定配对,合作往往是松散的,其根据设计任务的要求和设计人员的需求进行配对,实现互补。在云设计资源系统中存在的种间互利关系如图 3 - 14 所示。

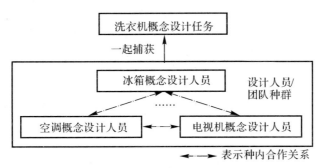

图 3 - 13　云设计资源种内合作关系示意图

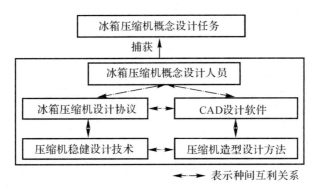

图 3 - 14　云设计资源互利关系示意图

3.3.4　协同进化

1. 云设计资源捕食的协同进化

在云设计资源系统中设计任务扮演生产者角色,设计人员扮演捕食者角色,它们之间形成捕食者-猎物的捕食关系,捕食作用对于设计任务和设计人员都是一种强大的选择压力,设计人员为了增值获利必须成功地捕获设计任务,而设计任务为了输出更好的设计服务则依赖于逃避被捕食的能力;在设计人员对设计任务捕食的压力下,设计任务必须通过增加设计任务技术难度、质量要求,降低设计任务的成本,以较低的价格获得高要求的设计服务来减少被捕食的危险,因此这也对设人员选择设计任务增加了压力,促使设计人员采用更先进的设计技术、设计方法或手段等不断提升自身的设计水平,以较低的价格完成较高的设计任务需求,从而形成设计资源、设计任务之间的协同进化。

2.云设计资源竞争的协同进化

竞争也是实现生物进化的机制,在2.2.1小节中阐述了资源间的协同性,是一种互补性进化,实现优胜劣汰,是协同进化的一种特殊形式,在此将不再详述。

3.云设计资源互利的协同进化

协同进化的生物之间,选择压力不断地起作用,在3.4.3小节中阐述了内外部环境的适应性,在这种适应与反适应的发展过程中,云设计资源通过互利关系,双方可能产生一种互利的稳定状态,促进云设计资源的共同适应。

3.4 云设计资源生态系统模型

3.4.1 云设计资源生态模型框架

依据生态系统组成要素及云设计资源构成及特点,将云设计资源系统分成非生物成分和生物成分,其中非生物成分由设计资源提供者、用户、运营商和平台支持资源构成;生物成分由设计人员/团队、设计能力、设计技术、设计方法、设计软件、设计硬件、设计知识/信息及其他设计资源作为消费者,设计任务作为生产者,设计流程作为分解者,它们之间通过建立的层次结构模型、形态结构模型、营养结构模型等云设计资源系统生态结构模型,以及捕食关系、竞争关系、互利关系、协同进化等云设计资源系统生态关系建立设计资源与任务、设计资源与环境的相互联系而形成云设计资源生态系统,构建的云设计资源生态模型如图3-15所示。

3.4.2 云设计资源生态系统特性

在自然生态学理论框架下,生态系统是最重要的功能单位,是复杂的、自行适应的、具有负反馈机制的自我调节系统。云设计资源生态系统在其结构和特性上具有生态系统的特征。因此,云设计资源系统可看作一种有着一定的组成要素和结构、存在发展与演替、能够自我调节处于一种相对稳定状态、具备基本功能的云设计资源生态系统。

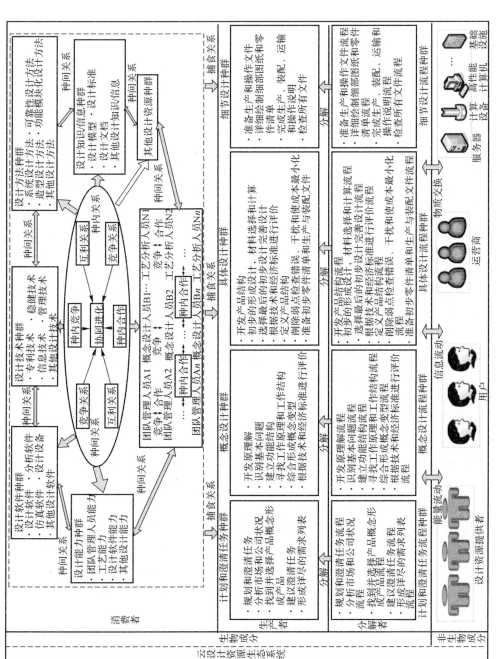

图3-15　云设计资源生态系统模型

云设计资源生态系统在运行过程中具有以下相关特性：

1.云设计资源生态系统开放性

开放性是一切自然生态系统的共同特征和基本属性，作为云设计资源生态系统主要表现在以下几个方面：全方位的开放，能够与外界进行充分的信息交换和沟通，设计资源与设计任务可以随时进入或退出此系统；进行熵的交换，促使不同设计资源、设计任务间的信息交流，使生态系统各部分间不断交流，促使系统内各部分始终处于动态之中；动态性，使得生态系统本身的结构和功能得到不断更新和发展，具有不可逆性。

2.云设计资源生态系统时空结构性

云设计资源生态系统存在与自然生态系统一致的分层现象，生产者和消费者、消费者和消费者之间的相互作用和相互联系，设计资源与设计任务在空间上是部分分隔的，但彼此又交织在一起。同时云设计资源生态系统的结构会随着时间而变化，反映出云设计资源生态系统在时间上的动态。

3.云设计资源生态系统结构与功能的相关性

云设计资源生态系统结构与功能的相关性与自然生态系统也是一致的，云设计资源生态系统有生物成分，也有非生物成分相融合，共同形成一个整体，结构和功能是相互依存的；结构与功能优势是相互制约、相互转化的；各部分结构和功能的联系密不可分；云设计资源生态系统稳定性是相对的。

4.云设计资源生态系统反馈性

反馈是生态系统内部自调节、自维持的主要机制，系统通过（正、负）反馈进行调整，使系统维持或达到稳态。云设计资源生态系统设计资源之间，设计任务之间，设计资源、设计任务与环境之间存在着各种反馈机制，这些机制来源于用户与设计资源提供者之间的沟通与交流，运营商与设计资源提供者、用户之间的沟通和交流，促使提供的设计服务能够满足各方的需求。

5.云设计资源生态系统整体性

任何一个生态系统都是由生物和非生物多个部分结合而成的整体单元，这个系统不再是结合之前各自分散的状态，而是发生了根本变化，集中表现在整体性。云设计资源生态系统也是由各云设计资源系统的要素构成的整体单元，将分散的设计资源、设计任务接入此系统后，通过赋予其一定的内涵，使之形成一个整体。

6.云设计资源生态系统中的能量流动

生态系统是个热力学系统，能量流动是生态系统的基本功能之一，能量不仅在生物有机体内流动，而且也在物理环境中流动，生态系统中生命系统内部和环境系统在相互作用的过程中始终伴随着能量的运动与转化。云设计资源生态系统中各组成部分之间在实现设计服务过程中伴随着能量的流动与转化,从设计任务的需求出发,通过设计资源发挥相应的功能,逐步形成满足用户需求的产品。

7.云设计资源生态系统中的物质循环

生态系统的物质循环是指各种有机物质经过分解者分解归还环境中重复利用,周而复始的循环利用过程。云设计资源生态系统中通过相应的设计流程将设计任务的需求和设计资源的功能逐步转化成新的资源、新的任务,从而重新被利用。

8.云设计资源生态系统中的信息流动

生态系统中信息就是生物与生物、生物与环境之间普遍联系的信号,通过信号带来可利用的消息。其具有生态系统信息多样性、信息通信的复杂性和信息类型多、储存量大等特点。云设计资源生态系统中信息就是联系用户、设计资源提供者、运营商、设计任务、设计资源的信号,通过交流与沟通寻找到在一定环境限制下的可利用的信息。

9.内外部环境的适应性

生态系统中生物进化的动力来源于生物与其环境的关系以及生物对其生物环境和非生物环境的适应。云设计资源生态系统中,设计资源为了增值,获取持续的竞争优势,需要不断地获取或占据设计任务来支撑自身的生存和推动设计资源自身的增值,设计资源必须对云设计资源生态系统内外部环境变化反应敏感且具有较强竞争力,通过对环境的分析,快速占据合适的设计资源、最大程度增值的设计任务;另一方面,设计任务有着自身的特点和约束,需要依赖合适的设计资源来完成,在保证高质量的同时实现低成本。因此为了以能够快速适应市场变化,需建立设计任务或设计资源选择与决策机制,才能保证设计资源适应环境的变化并且实现资源增值目标,以及低成本、高质量地完成设计任务的目标。

10.设计资源间的协同性

生态系统中的个体或种群在其环境的选择压力下表现出较强的协同进化的特征。云设计资源系统中,设计资源间通过合作方式增强占据任务的机会,通过资源互补实现共同增值;当设计任务较多时,设计资源将大量进入增加,通过竞争与合作等方式更有利于合适的资源完成设计任务,以实现设计资源的最大程度增值,反之设计资源将退出而减少,可能导致设计任务与设计资源间的搭配不合理,影响设计资源的最大程度增值,以及影响设计任务的目标实现;另一方面,设计资源为了占据设计任务,设计资源提供者需要培育并提供设计资源,随着设计资源完成设计任务的质量越来越高,价格越来越低,设计任务的要求也将越来越高,促使更高要求的设计任务出现,因而显示出了云设计资源生态系统中的协同共进。

11. 资源间的相关性

生态系统中各物种间的相互作用和协调发展，使得系统具有持续的再生功能。云设计资源生态系统中，资源间存在着千丝万缕的关系，各类型资源是通过设计任务建立起与其他类型资源之间的联系的，要取得各类型设计资源增值目标的实现，就必须以其他类型设计资源的联系能够维持为基础，将所有类型设计资源联合在一起，才能支撑设计任务目标实现。另一方面，它们在实现各自增值目标的同时，随着资源的需求程度越来越高，而又被限于设计任务的稀缺性，对设计任务的争夺尤为突出，要求各类型设计资源之间必须围绕各自的增值目标通过一定的形式共存，从而实现设计资源、设计任务的充分共享，这种资源共享加强了各类型设计资源间、设计任务间更多的协作机会。

12. 资源的再生性

生态系统通过生物的新陈代谢，保持了系统旺盛的生命力。云设计资源生态系统中的各类设计资源和设计任务并存，并根据用户、资源提供者的需求，利用设计资源完成设计任务，在这过程中设计过程沿时间轴在同类型产品间持续改进和优化，设计资源通过增值，在获得收益的同时，自身的能力也得以提升。新过程总是在继承已有设计过程基本要素及其相互关系的基础上，又根据自身的设计目标和设计约束对其加以修改完善而形成的。

13. 有序性

生态系统是开放系统，在与外界进行物质、能量交换的过程中，形成了系统的有序性。云设计资源生态系统中，设计任务和设计资源不断进入或退出云设计资源生态系统，增加了系统的熵值，导致云设计资源系统运行过程的无序。为了形成云设计资源系统的有序运行，云设计资源系统必须通过生态机制的建设，通过"适者生存"法则不断调整和完善资源间的结构，提升云设计资源系统的活力，增强系统对来自于环境的威胁的抵抗力，从而引进负熵流以减少系统的熵增，形成云设计资源系统的有序性。

3.5　本章小结

本章将云设计资源系统的要素按照云设计资源生物成分和云设计资源非生物成分进行分类，明确云设计资源角色，并建立与生态系统相似的云设计资源生态结构，包括层次结构、形态结构和营养结构，以及云设计资源生态关系，包括捕食关系、竞争关系、互利关系和协同进化，在此基础上构建了云设计资源生态系统模型，并分析了云设计资源生态系统的特性。

第4章　云设计资源生态位测度

4.1　云设计资源生态位

基于图 3-15 所构建的云设计资源生态系统模型,以及云设计资源的生态系统特征,使得云设计资源管理与生态学相契合,生物生态位现象对于所有生命现象而言都具有普遍性的一般原理,它不仅适用于生物界,同样适用于云设计资源管理领域。

结合生态位的定义,云设计资源生态位是指云设计资源个体在一定的时空条件下与其他云设计资源个体间的功能关系所定的特定位置。

对于云设计资源生态位的定义,从以下两方面进行分析。

1.以云设计资源个体为对象

从生态位的对象来看,一般分为种群生态位和个体生态位两个层面,其中种群生态位关注种群在竞争状态下的发展过程(实际生态位)和没有竞争状态下应该占据的位置,主要是研究如何占据现在未占据的位置(基础生态位);个体生态位是以个体作为对象,反映个体与环境相互匹配后所处的状态。本书将以云设计资源个体为对象进行定义,其主要原因:

(1)基于云设计资源生态关系。第 3 章中对云设计资源生态关系进行了详细分析,重点是单个云设计资源与其他云设计资源之间的关系,因此必须从单个云设计资源的角度出发,研究云设计资源生态位与其他云设计资源生态位之间的关系,通过利用生态位宽度(来测度不同设计资源的生态位)来判定云设计资源间的竞争程度,当云设计资源竞争较为严重时就需要考虑对云设计资源的合理选择,调整相互之间的关系,以保证合适的设计资源完成合适的设计任务,使之朝着适度竞争的方向发展。

(2)基于云设计资源个体本身的特点。云设计资源之间即使处于同一范围之内,也会由于云设计资源个体历史的积累和现实环境的限制而使云设计资源具有鲜明的特点。相比生物物种而言,云设计之间的个性更大于共性,云设计资源个体的生存与发展与整个种群的生存与发展存在着一定的差异。云设计资源可以能动进入或者退出某一个种群,其独立性和自治性较高,不像生物种群那样个体大多需要依靠种群的力量获得生存和发展的基础。由此可见,云设计资源个体不需要依附于云设计资源种群,只是当云设计资源进入云设计资源系统后,为了便于对云设计资源的分类与管理,将其归入云设计资源种群。云设计资源种群不是一个紧密和稳定的集合,因此像生物学研究那样准确地从种群角度研究云设计资源个体,在云设计资源管理领域比较难以实现。这些都能说明,把云设计资源个体当作生态位研究的对象是合理的。

(3)基于从云设计资源个体生态位角度研究的优势。从云设计资源个体生态位的角度进行研究能够凸显云设计资源的个性特征。在云设计资源配置的过程中更多的是研究以云设计资源个体的增值和效率为基础进行选择和配置,直接关注云设计资源个体增值程度、效率与环境的关系,使生态位研究更有针对性,不会出现实际生态位与其捕获合适的任务不符的现象。这正好弥补了从种群生态位角度研究的不足。

从云设计资源个体生态位角度出发更有实际应用价值,但不是完全摒弃种群生态位的一些观点。基于两者本质上的一致性,在研究过程中将吸纳种群生态位的内容,在继承种群生态位的某些观点(比如生态位维度、生态位宽度)的基础上,从云设计资源个体生态位入手,更多关注实现生态位的研究,而对基础生态位着眼比较少。

2.云设计资源生态位要素

从生态位概念来看,其具备四个要素:时空要素,生态位关系要素,资源要素,功能作用要素。云设计资源生态位不可能完全复制这四个要素,两者之间具有一定的差异性。自然界中,生物体的生态位是由生物体机体自身生理状态及生物体机体同环境关系而定的,即生物生态位的功能是生物的本能决定的,而云设计资源生态位是云设计资源间竞争的结果。资源提供者提供的资源要获得增值,其取决于资源增值的程度和资源增值的效率。所以从整体来看,云设计资源生态位定义需具备这四个基本要素,同时要侧重于云设计资源的增值性和效率等因素。另一方面,云设计资源生态系统作为一个系统,其自身就具有自我优化(进化)的趋势,向着效率更高、适应性更强、优化成本更低等方向进行自我优化,因此云设计资源生态位应包含以下四个方面的关系。

(1)云设计资源生态位由该云设计资源个体在时空环境中的位置及其与其他云设计资源个体的功能关系共同决定。

(2)云设计资源个体与其他云设计资源个体的功能关系受到特定时空条件的约束。

(3)云设计资源个体间的功能关系会通过协同进化的过程引起时空环境的

变化。

（4）云设计资源个体的生态位随着生态位维度的变化而动态变化。

因此云设计资源生态位应由时空条件和功能关系共同来反映，其也是在多维的前提下来进行描述的，并且是基于多维超体积生态位提出的，是一个相对的量。

4.2　云设计资源生态因子

4.2.1　云设计资源生态因子初选

云设计资源生态系统是复杂的、开放的系统。云设计资源生态位是通过云设计资源生态因子来决定的，云设计资源生态因子反映云设计资源所占据的生存位置，也反映云设计资源在该环境中的各种生态因子所形成的梯度上的位置，还反映在其生存空间中扮演的角色。云设计资源个体在云设计资源生态系统中均具有"态"和"势"两个方面的属性，"态"反映云设计资源过去面向已完成的设计任务和环境相互作用积累的结果，"势"反映云设计资源对未来争夺设计任务过程中所表现出来的对环境的影响力或适应力。云设计资源生态位是描述某个云设计资源个体在特定云设计资源生态系统与环境相互作用过程中所形成的相对地位和作用，是云设计资源个体的"态"和"势"两方面属性的综合，因此云设计资源生态因子应能通过云设计资源的"态"和"势"来进行反映，那么在进行云设计资源生态因子的构建中从云设计资源的"态"和"势"视角去研究云设计资源生态因子。但由于云设计资源包含的种类很多，现有研究主要针对某一类型设计资源进行识别，其研究视角也不一样，在识别中有的指标可能有重复，相关性较高。为了探索构成云设计资源生态位的生态因子构成，本书采用实证研究与文献研究相结合的研究方法去获取设计资源的生态因子，通过文献分析，获取云设计资源生态因子初始集；通过实证分析，结合因子分析法对生态因子初始集进行验证并提取云设计资源的生态因子，实现对生态因子降维简化，为建立生态位模型提供基础。

首先借鉴自然生态的研究方法和文献研究的方法，关注众多因素中的主要因素，对云设计资源生态因子进行分析。基于 1.3.1 小节中设计资源识别的研究和 1.4.3 小节介绍的内容，总结并提炼了这些学者关于不同类别与设计资源相关的评价要素主要研究成果，通过对现有评价指标的分析，提炼出云设计资源 22 个云设计资源识别指标（见表 4-1），作为云设计资源生态因子的基础。

表 4 – 1   云设计资源生态因子构成

序号	指　标	指标解释
1	服务时效性	反映设计资源预期完成设计任务时间与设计任务要求时间的比率
2	服务的质量水平	反映设计资源预期完成设计任务质量指标与设计任务要求的满足程度
3	服务的性价比	反映设计资源预期完成设计任务性能与价格的比值
4	合同履约率	反映设计资源预期实际完成量与设计任务规定量之比
5	设计资源获得的性价比	反映资源提供者期望价格与设计任务合同价格的比值
6	设计资源能力提升程度	反映设计资源通过完成设计任务后资源提供者认为设计资源获得的能力提升程度
7	资源提供者的承诺与动机	反映设计资源提供者对设计任务对设计任务的意愿和态度,以及承诺完成设计任务的程度
8	设计资源开放性	反映在完成设计任务过程中设计资源间的信息交换频率和有效性,以及以合作关系为基础的功能间的相互信任程度
9	设计资源创造力	反映设计资源面对设计任务需求而通过寻找途径解决相应问题的程度
10	设计资源可靠性	反映设计资源进行设计任务过程中出现失败/故障频率
11	关注用户需求程度	反映设计资源在完成设计任务过程中资源提供者注重与用户需求信息交流的程度
12	设计资源进化效率	反映设计资源在适应环境及环境变化过程中自我改进、自我学习等的程度
13	设计资源的成长性	反映设计资源能力提升的速率
14	功能的可获得性	反映设计任务所需的设计资源能否获得的程度
15	功能使用连续稳定性	反映设计资源功能在使用过程中能够持续稳定的参与设计任务的程度
16	功能可被替代程度	反映设计资源功能能够被其他资源代替的程度
17	设计资源的独特性	反映设计资源存在形式的多样性
18	功能稀缺程度	反映设计资源功能的在系统中的稀缺程度

续　表

序号	指　标	指标解释
19	设计资源商业信誉	反映设计资源在信贷、营销等商业活动中向交易方传递的价值
20	设计资源已完成设计任务成功率	反映设计资源过去成功完成设计任务的概率
21	设计资源已完成设计任务水平	反映设计资源过去成功完成设计任务中针对不同设计任务难度所表现的水平
22	设计资源的新颖性	反映设计资源的对外沟通频率与动态更新能力

为检验云设计资源识别指标是否合理,采用问卷调查法并进行数据分析加以验证。

1. 调查方案设计

由于云设计资源涉及范围广泛,通常选取的指标均为具有一定共性特征的指标。本书基于上述指标设计了调查问卷,见附录 A。

为了将更广泛的云设计资源纳入到本调查方案中,本书选取设计人员这一可能具备多类云设计资源的实体作为调查对象。综合考虑问卷回收难度与问卷发放范围等因素,在某产品设计网络社区中采用网络问卷方式,共发放 200 份问卷,获得有效问卷 113 份。

2. 描述性统计分析

对调查问卷各项指标进行描述性统计后,发现反映设计资源可靠性、设计资源对用户需求的关注程度以及设计资源的商业信誉的标准偏差值偏大,这可能是由于被调查者对题项理解框架不一致导致的。其余指标的偏差均在可接受范围内。问卷的描述性统计分析见表 4-2,整体效果可以接受。

表 4-2　项统计量

项统计量	均值	标准偏差	N
服务时效性	2.78	0.698	113
服务质量水平	2.76	0.803	113
服务性价比	2.88	0.931	113
合同履约率	3.20	0.704	113
设计资源获得的性价比	2.88	0.966	113

续 表

项统计量	均值	标准偏差	N
设计资源能力提升程度	3.08	0.809	113
资源提供者的承诺与动机	2.80	0.958	113
设计资源开放性	3.04	0.749	113
设计资源创造力	2.86	0.957	113
设计资源可靠性	2.82	1.097	113
关注用户需求程度	2.96	1.172	113
设计资源进化效率	3.00	0.897	113
设计资源成长性	2.98	0.768	113
功能的可获得性	3.12	0.718	113
功能使用连续稳定性	3.12	0.834	113
功能可被替代程度	2.90	0.977	113
设计资源的独特性	2.70	0.879	113
功能稀缺程度	2.92	0.742	113
设计资源商业信誉	3.18	1.281	113
设计资源已完成任务成功率	3.10	0.949	113
设计资源已完成任务水平	3.12	0.780	113
设计资源的新颖性	3.08	0.668	113

3. 指标的相关性检验

由于考虑 22 个指标中是否存在具有相似内涵的指标,进而减少问卷分析工作量,因此对调查问卷结果进行相关性分析。在 SPSS 软件中,采用 Pearson 系数对各指标间的相关性进行分析,若两指标的相关性越高(显著相关),则说明这两个指标可能具有相似的内涵,进而可以进行针对性分析来去除干扰项,简化分析结果。

对所获样本数据进行相关性检验,结果见附录 B。整理结果可知,存在三对变量的相关性显著,分别为"设计资源的新颖性与开放性""设计资源的成长性与设计资源的进化效率""设计资源的独特性与设计资源的不可替代性"。

进一步根据各指标的内涵进行分析可知,设计资源的新颖性表明了设计资源通过与外部沟通而获得更新的程度,与开放性指标的内涵相似,故尝试去掉"设计资源的新颖性"指标。设计资源的成长性表明设计资源的能力提升效率,其核心体现就是通过自我学习实现的不断改进,与设计资源的进化效率具有相似内涵,故尝试去掉"设计资源的成长性"指标。同理,尝试去掉"设计资源的独特性"指标。原有的指标集被缩减为19个,接下来对缩减后的调查问卷进行信度与效度分析,以检验缩减后的问卷的可靠性与有效性。

4.问卷的信度分析

要获得有效的调查结果,就应对调查问卷自身的可靠性,即信度进行检测。采用里克特态度量表法的问卷一般需要用克朗巴哈提出的 α 系数对问卷作信度检验。α 系数的基本原理是,若某一规则中的所有条目都反映了相同的特质,则各条目间具有相关性,反之,则表明不具有相关性,而应将其剔除。其相关性主要用相关系数来衡量,即

$$\alpha = [K/(K-1)]\left\{1 - \left[\left(\sum \sigma_{i2}\right)/\sigma_{t2}\right]\right\} \tag{4-1}$$

其中,K 表示规则中条目的数量;$\sum \sigma_{i2}$ 表示所有受调查者在条目 i 的变异数;σ_{t2} 表示所有受调查者总分的变异数。

一般来说,要计算问卷中每个问题分数与总分的相关性,依据相关系数大小将各项目依次排列,与总分相关系数接近0的条目即可考虑剔除出去,相关系数与其他条目相比大幅下降的条目也可考虑剔除。若剔除某条目后,量表总系数突然变大,也可考虑剔除。信度判别标准见表4-3。

表4-3　信度判别标准

可信度	α
不可信	小于0.3
勉强可信	介于0.3与0.4之间
比较可信	介于0.4与0.5之间
可信	介于0.5与0.7之间
很可信	介于0.7与0.9之间
十分可信	大于0.9

经过统计,本问卷共19个题项,总的 α 系数为0.875,表明问卷具有很好的可靠性与有效性。

4.2.2 云设计资源生态因子提取

1.因子分析法的原理

因子分析是 K. Pearson 和 C. Spearman 等学者为定义和测定智力所做的统计分析,是一种将多变量化简的多元统计方法,就是在尽量不损失信息或少损失的情况下,将多个变量减少为少数几类变量,这几类变量可以高度概括大量数据中的信息。不同类间的变量的相关性则较低。每类变量代表了一个"共同因子",即一种内在结构(联系)。因子分析法可以看作是主成分分析的推广。

通常针对变量做因子分析,称为 R 型因子分析,其数学模型为

$$\left.\begin{array}{l} X_1 = a_{11}F_1 + a_{12}F_2 + \cdots + a_{1m}F_m + \varepsilon_1 \\ X_2 = a_{21}F_1 + a_{22}F_2 + \ldots + a_{2m}F_m + \varepsilon_2 \\ \cdots\cdots \\ X_p = a_{p1}F_1 + a_{p2}F_2 + \cdots + a_{pm}F_m + \varepsilon_p \end{array}\right\} \tag{4-2}$$

矩阵形式为

$$\begin{bmatrix} X_1 \\ X_2 \\ \vdots \\ X_m \end{bmatrix} = \begin{bmatrix} a_{11} & a_{12} & \cdots & a_{1m} \\ a_{21} & a_{22} & \cdots & a_{2m} \\ \vdots & \vdots & & \vdots \\ a_{p1} & a_{p2} & \cdots & a_{pm} \end{bmatrix} \begin{bmatrix} F_1 \\ F_2 \\ \vdots \\ F_m \end{bmatrix} + \begin{bmatrix} \varepsilon_1 \\ \varepsilon_2 \\ \vdots \\ \varepsilon_p \end{bmatrix} \tag{4-3}$$

简记为
$$X = AF + \varepsilon$$

其中,X 为可实测的 p 维随机变量,它的每个分量代表一个指标或变量;F 为不可观测的 m 维随机向量,它的各个分量将出现在每个变量之中,所以称它们为公共因子;矩阵 A 称为因子载荷矩阵,a_{ij} 称为因子载荷,表示第 i 个变量在第 j 个公因子上的载荷,它们需要由多次观测 X 所得到的的样本来估计;向量 ε 称为特殊因子,其中包括随机误差。它们满足:

(1)$m \leqslant p$。

(2)$\text{Cov}(F, \varepsilon) = 0$,$F$ 与 ε 相互独立。

(3)$\begin{bmatrix} 1 & \cdots & 0 \\ \vdots & & \vdots \\ 0 & \cdots & 0 \end{bmatrix} D(F) = \begin{bmatrix} 1 & \cdots & 0 \\ & & \vdots \\ 0 & \cdots & 0 \end{bmatrix} F = I_m$,即 $F_1, \cdots, F_m$ 相互独立且方差为 1。

因子分析需遵循四个基本步骤:可行性分析,因子提取,因子旋转,因子命名。

2.可行性分析

进行因子分析前,要判断本次调查问卷的题项是否适合进行因子分析,一般采

用 KMO 值与 Bartlett 球形检验值两个指标进行验证。KMO 值表示了取样的适当程度,值越大,表示变量间的共同因素越多,越适合进行因子分析。一般认为,KMO 值大于 0.5 以上可进行因子分析。Bartlett 球形检验值检验相关系数矩阵是否是单位矩阵,如果是单位矩阵,则表明不适合采用因子分析。对获取的原始数据,进行可行性分析,进行相关系数矩阵检验。其中 KMO 值各级的内涵为:0.9以上非常好;0.8 以上好;0.7 一般;0.6 差;0.5 很差;0.5 以下不能接受。Bartlett球体检验原假设 H_0:相关矩阵为单位阵。拒绝 H_0 则表示原始变量间相关性显著。

计算结果表明,问卷题项的 KMO 值为 0.704,此值大于 0.5,可认为可以进行因子分析。Bartlett 球形检验的 sig 为 0.000,拒绝原假设,说明相关矩阵非单位矩阵,变量的相关性较为显著。原始数据见表 4 – 4。

表 4 – 4　KMO 和 Bartlett 的检验

KMO 和 Bartlett 的检验[a]		
取样足够度的 Kaiser-Meyer-Olkin 度量		0.704
Bartlett 的球形度检验	近似卡方	372.348
	df	171
	sig.	0.000

a. 已提取 6 个主要成分。

3. 因子提取

采用 SPSS 17.0 中文版软件,对问卷调查获取的数据进行因子分析。变量间的共同度较大,故选用主成分法提取公因子。累计方差贡献率超过 85% 时,可取 6个公因子,见表 4 – 5。根据成分矩阵(见表 4 – 6),即可得到各个公因子解释的原始变量。

表 4 – 5　公因子提取

成分	解释的总方差(原始)					
	初始特征值[a]			提取二次方和载入		
	合计	方差/(%)	累积/(%)	合计	方差/(%)	累积/(%)
1	7.332	24.858	24.858	7.332	24.858	24.858
2	4.913	16.657	41.515	4.913	16.657	41.515

续 表

<table>
<thead>
<tr><th rowspan="2">成分</th><th colspan="3">初始特征值ª</th><th colspan="3">提取二次方和载入</th></tr>
<tr><th>合计</th><th>方差/（%）</th><th>累积/（%）</th><th>合计</th><th>方差的/（%）</th><th>累积/（%）</th></tr>
</thead>
<tbody>
<tr><td>3</td><td>3.821</td><td>12.955</td><td>54.470</td><td>3.821</td><td>12.955</td><td>54.470</td></tr>
<tr><td>4</td><td>3.800</td><td>12.883</td><td>67.353</td><td>3.800</td><td>12.883</td><td>67.353</td></tr>
<tr><td>5</td><td>2.726</td><td>9.242</td><td>76.595</td><td>2.726</td><td>9.242</td><td>76.595</td></tr>
<tr><td>6</td><td>2.572</td><td>8.720</td><td>85.315</td><td>2.572</td><td>8.720</td><td>85.315</td></tr>
<tr><td>7</td><td>0.791</td><td>2.682</td><td>87.997</td><td></td><td></td><td></td></tr>
<tr><td>8</td><td>0.727</td><td>2.465</td><td>90.462</td><td></td><td></td><td></td></tr>
<tr><td>9</td><td>0.700</td><td>2.375</td><td>92.837</td><td></td><td></td><td></td></tr>
<tr><td>10</td><td>0.576</td><td>1.954</td><td>94.791</td><td></td><td></td><td></td></tr>
<tr><td>11</td><td>0.480</td><td>1.627</td><td>96.417</td><td></td><td></td><td></td></tr>
<tr><td>12</td><td>0.408</td><td>1.384</td><td>97.801</td><td></td><td></td><td></td></tr>
<tr><td>13</td><td>0.334</td><td>1.133</td><td>98.934</td><td></td><td></td><td></td></tr>
<tr><td>14</td><td>0.133</td><td>0.449</td><td>99.383</td><td></td><td></td><td></td></tr>
<tr><td>15</td><td>0.080</td><td>0.271</td><td>99.653</td><td></td><td></td><td></td></tr>
<tr><td>16</td><td>0.048</td><td>0.164</td><td>99.817</td><td></td><td></td><td></td></tr>
<tr><td>17</td><td>0.029</td><td>0.099</td><td>99.916</td><td></td><td></td><td></td></tr>
<tr><td>18</td><td>0.021</td><td>0.070</td><td>99.986</td><td></td><td></td><td></td></tr>
<tr><td>19</td><td>0.004</td><td>0.014</td><td>100.000</td><td></td><td></td><td></td></tr>
</tbody>
</table>

解释的总方差（原始）

提取方法：主成分分析。

a.已提取6个主要成分。

表 4 - 6　成分矩阵（原始）

<table>
<thead>
<tr><th rowspan="2">指　标</th><th colspan="6">原始成分</th></tr>
<tr><th>1</th><th>2</th><th>3</th><th>4</th><th>5</th><th>6</th></tr>
</thead>
<tbody>
<tr><td>服务时效性</td><td>0.657</td><td>0.214</td><td>0.764</td><td>0.487</td><td>0.445</td><td>−0.278</td></tr>
<tr><td>服务质量水平</td><td>0.809</td><td>−0.182</td><td>0.465</td><td>0.426</td><td>−0.126</td><td>−0.177</td></tr>
</tbody>
</table>

续表

指　标	原始成分[a]					
	1	2	3	4	5	6
服务性价比	0.412	−0.163	0.164	0.834	0.293	0.359
合同履行率	0.347	−0.207	0.897	−0.397	0.347	0.164
设计资源获得的性价比	0.637	0.880	0.452	−0.181	−0.071	0.285
设计资源能力提升程度	0.826	0.093	−0.089	−0.476	0.309	−0.187
资源提供者的承诺与动机	0.850	0.592	0.281	−0.366	−0.206	0.118
资源开放性	0.361	0.368	−0.283	0.326	0.773	0.344
资源创造力	0.874	0.419	0.294	−0.488	−0.112	0.094
资源可靠性	−0.404	0.782	−0.362	−0.335	0.089	0.302
关注用户需求程度	−0.102	0.920	0.200	0.552	0.090	0.143
设计资源进化效率	0.075	0.755	0.470	0.350	0.268	−0.320
功能的可获得性	0.825	−0.020	−0.150	0.573	0.127	0.352
功能的连续稳定性	0.345	0.034	0.835	−0.133	0.545	0.256
功能可被替代程度	0.524	0.616	−0.259	−0.143	−0.379	0.914
功能稀缺程度	−0.450	−0.393	−0.376	0.868	−0.539	0.356
设计资源商业信誉	0.517	−0.823	0.527	0.350	0.831	0.407
已完成任务成功率	0.778	0.069	−0.226	−0.051	0.159	−0.182
已完成任务水平	0.959	0.276	0.289	−0.073	0.031	−0.698

提取方法:主成分分析。

　a.已提取6个主成分。

其中公因子1可以解释的原始变量包括服务质量水平、设计资源能力提升程度、资源提供者的承诺与动机、资源创造力、功能的可获得性、已完成任务成功率与已完成任务水平7个指标。

公因子2可以解释的原始变量包括资源获得的性价比、资源可靠性、关注用户需求程度、设计资源进化效率4个指标。

公因子3可以解释的原始变量包括服务时效性、合同履行率、功能的连续稳定性3个指标。

公因子 4 可以解释的原始变量包括服务性价比与功能稀缺程度 2 个指标。

公因子 5 可以解释的原始变量包括设计资源商业信誉。

公因子 6 可以解释的原始变量包括功能被替代程度。

上述公因子中除公因子 5,6 外,其余难以用一个概念解释其主要内涵,因此考虑进行因子旋转,以便于解释公因子的内涵。

4. 因子旋转

因子分析的目的不仅是找出主因子,更重要的是知道每个主因子的意义。主因子的意义是根据主因子与可观测变量 X_i 的关系来确定的。因此希望主因子 F_j 对 $X_i(i=1,2,\cdots,p)$ 的载荷二次方,有的值很大,有的值很小(向 0 和 1 两极分化),因子载荷矩阵的这种特征称为"因子简单结构"。

但是用上述方法所求出的主因子解,初始因子载荷矩阵并不满足"简单结构准则",各因子的典型代表变量不很突出,因而容易使因子的意义含糊不清,不便于对因子进行解释。为此须对因子载荷矩阵进行旋转,因子轴方差最大正交旋转的目的即使因子载荷矩阵成为"简单结构"的因子载荷矩阵。使得因子载荷的平方按列向 0 和 1 两极转化,较大载荷值集中在少数 X 变量上,达到其结构简化的目的,易于因子命名。

经过旋转后,主因子对 X_i 的方差贡献(变量共同度)并不改变,但各主因子的方差贡献可能有较大的改变,即不再与原来相同,因此,可以通过适当的旋转求得令人满意的主因子。

为了更好地解释公因子 F,可通过因子旋转的方法得到一个好解释的公因子。经过因子旋转后,6 个公因子的解释能力见表 4 - 7。

表 4 - 7 公因子的解释能力

成分	解释的总方差(重新标度)					
	初始特征值[a]			提取二次方和载入		
	合计	方差/(%)	累积/(%)	合计	方差/(%)	累积/(%)
1	5.014	17.006	17.006	5.014	17.006	17.006
2	5.010	16.990	33.995	5.010	16.990	33.995
3	4.881	16.553	50.548	4.881	16.553	50.548
4	3.629	12.308	62.855	3.629	12.308	62.855
5	3.618	12.270	75.125	3.618	12.270	75.125
6	3.014	10.221	85.346	3.014	10.221	85.346

续 表

解释的总方差(重新标度)

成分	初始特征值[a]			提取二次方和载入		
	合计	方差/(%)	累积/(%)	合计	方差/(%)	累积/(%)
7	0.891	3.022	88.368			
8	0.727	2.465	90.833			
9	0.700	2.375	93.209			
10	0.676	2.293	95.502			
11	0.580	1.966	97.468			
12	0.308	1.045	98.513			
13	0.301	1.020	99.533			
14	0.073	0.246	99.779			
15	0.050	0.169	99.947			
16	0.008	0.029	99.976			
17	0.006	0.021	99.997			
18	0.001	0.003	100.000			
19	0.000	0.000	100.000			

提取方法:主成分分析。

a.已提取 6 个主成分。

根据成分矩阵(见表 4-8),即可得到各公因子可以解释的原始变量。

表 4-8 成分矩阵(重新标度)

指 标	重新标度[a]					
	成 分					
	1	2	3	4	5	6
服务时效性	0.811	0.412	0.424	0.344	0.435	−0.509
服务质量水平	0.879	−0.133	0.277	0.459	−0.195	−0.130
服务性价比	0.731	−0.296	0.180	0.208	0.595	0.288
合同履行率	0.750	−0.148	0.603	−0.297	0.352	0.334

续 表

指 标	重新标度[a]					
	成 分					
	1	2	3	4	5	6
设计资源获得的性价比	−0.631	0.894	0.506	−0.113	−0.023	0.192
设计资源能力提升程度	0.547	0.761	−0.124	−0.316	0.219	−0.114
资源提供者的承诺与动机	0.578	0.202	0.890	−0.248	−0.276	0.190
资源开放性	0.320	0.290	0.816	0.247	0.429	0.267
资源创造力	−0.555	0.287	0.845	−0.338	−0.197	0.164
资源可靠性	−0.303	0.312	0.751	−0.270	0.491	0.226
关注用户需求程度	−0.168	0.614	0.090	0.836	0.300	0.169
设计资源进化效率	0.156	0.559	0.069	0.750	0.391	−0.188
功能的可获得性	0.562	−0.014	−0.106	0.411	0.780	0.260
功能的连续稳定性	0.121	0.283	−0.343	−0.186	0.895	0.386
功能可被替代程度	0.263	0.521	−0.457	−0.522	0.898	0.301
功能稀缺程度	−0.419	−0.197	−0.498	0.595	0.799	0.465
设计资源商业信誉	0.485	−0.606	0.656	0.185	0.546	0.915
已完成任务成功率	−0.291	0.058	−0.029	−0.035	0.039	0.794
已完成任务水平	0.043	0.430	0.439	−0.053	0.569	0.931

提取方法：主成分分析。

a. 已提取 6 个主成分。

5. 因子命名

根据对公因子解释能力最强的几个原始变量的内涵，结合相应的理论知识将公因子命名为具有真实含义的变量。

公因子 1 解释的原始变量包括服务时效性、服务质量水平、服务性价比与合同履约率 4 个指标。公因子 1 可以命名为设计服务实现能力，用于解释云设计资源对服务的满足程度。

公因子 2 解释的原始变量包括设计资源获得的性价比与设计资源能力提升程度 2 个指标。公因子 2 可以命名为设计资源增值能力，用于解释云设计资源通过响应服务获得自身增值程度。

公因子 3 解释的原始变量包括资源提供者的承诺与动机、设计资源的开放性、设计资源创造力与设计资源可靠性 4 个指标。公因子 3 可以命名为设计资源功能实现能力,用于解释云设计资源满足服务的执行能力。

公因子 4 解释的原始变量包括关注用户需求程度与设计资源进化效率 2 个指标。公因子 4 可以命名为设计资源环境适应能力,用于解释云设计资源适应任务环境的能力。

公因子 5 解释的原始变量包括功能的可获得性、功能的连续稳定性、功能可被替代程度与功能稀缺程度 4 个指标。公因子 5 可以命名为设计资源功能支撑能力,用于解释云设计资源具有的功能及其属性。

公因子 6 解释的原始变量包括设计资源商业信誉、已完成任务成功率与已完成任务水平 3 个指标。公因子 6 可以命名为设计资源经验支撑能力,用于解释云设计资源以往完成任务获得经验与成果水平。

4.2.3　云设计资源生态位模型

1. 云设计资源生态位层次

云设计资源生态位是云设计资源生态系统内部设计资源之间竞争的结果,取决于设计资源本身占有的预期实现设计服务水平、自身增值的程度、环境适应程度等因素的综合作用结果。因此,本书界定的设计资源生态位包括“态”和“势”两方面。设计资源生态位的“态”指设计资源当前的状态,即历史的积累,是设计资源在以往完成设计任务过程中积累下来的经验、功能,曾经表现出来的状态及其他无形影响力之和对设计任务的运用和影响,也即设计资源过去积累下来的各种状态,为设计资源去捕获设计任务提供支撑;设计资源生态位的“势”是指在目标的约束下对环境的适应、目标的实现和潜在影响能力,其决定了设计资源未来的发展以及设计服务实现程度。

通过对设计资源生态位维度的分析,认为设计资源生态位可以从生存力、执行力与竞争力三个层次来表现。依据生态位的态势理论,设计资源生存力描述的是设计资源的“态”属性,反映的是设计资源的内部构成要素的完整性及各要素功能的完好性,通过这些要素来表现其是否能够捕获设计任务的基础,是设计资源得以存在的基础;设计资源执行力描述的是设计资源的“态”和“势”交界面属性,既含有“态”的因素,又具有“势”的成分,反映的是设计资源内部构成要素之间相互协调性和趋势,以及设计资源围绕目标而发展,主要针对设计资源在捕获设计任务过程中执行的过程的反映;设计资源竞争力描述的是设计资源的“势”属性,反映的是设计资源围绕目标与环境之间的物质、能量、信息交流转换情况,主要是指设计资源能否实现设计服务的要求和设计资源自身增值的预期。尽管设计资源是通过设计资源的生存力、执行力、竞争力这三个层面的能力来体现的,但是三者不是孤立的,而是交互作用、互为因果的。执行力、竞争力都是为了更好地提升设计资源在云设计资源生态系统中的生存能力,而持续生存的本身就意味着要更好地执行和取得更高的竞争优势。云设计资源要保持旺盛的生命力,具有较高的生态位,就必须营造一个有利于设计资源生存、执行、竞争的环境。

综上所述,将云设计资源的生态位划分为三个层次,即反映"态"的设计资源生存力,包括设计资源功能支撑能力和设计资源经验支撑能力两个生态位维度;反映"态"和"势"的设计资源执行力,包括设计资源功能行为能力和设计资源环境适应能力两个生态位维度;反映"势"的设计服务实现能力和设计资源增值能力两个生态位维度。

2.云设计资源生态位模型构建

生态学中种群之间的竞争主要表现在对资源的竞争,谁能在竞争中生存下来,其生态位的高低是关键影响因素,因此设计资源要取得较高的生态位,要看其资源对相关能力的拥有和使用程度。通过对设计资源生态位层次分析,构建如图 4-1 所示的设计资源生态位模型。

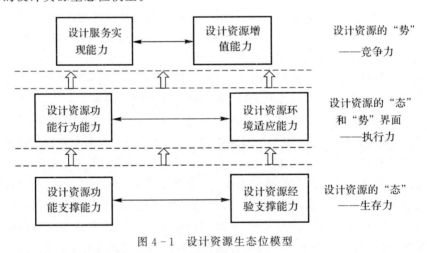

图 4-1　设计资源生态位模型

(1)设计资源"态"因子说明。设计资源生存力是设计资源的历史积累为设计资源生存提供支持以及设计资源本身具有捕获任务的基础能力,是构成设计资源的一个重要能力基础,描述的是设计资源的"态"属性,通过设计资源功能支撑能力和设计资源经验支撑能力反映,这两方面能力反映的都是设计资源赖以生存的基础,支撑着设计资源去成功捕获设计任务,以获得生存与发展并增值的根本。

设计资源功能支撑能力是反映设计资源功能在受外部环境影响下,能否为设计任务发挥作用,表现为设计资源的外在影响,以支撑设计任务完成的结果体现。关注的重点是当设计任务发出需求时,其所需的设计资源功能是否可以获得,在实施过程中能否保证稳定发挥其作用;由于云设计资源系统中资源的使用关注的是增值,价格成为重要的因素,因此在一定价格范围内设计资源的功能是否可以寻求别的设计资源功能替代成为衡量设计资源功能的重要方面;由于设计任务的需求,需要依赖特定设计资源的功能,这类资源将显得更为珍贵,因此设计资源功能的稀缺程度将影响设计资源的生态位,稀缺程度越高其将占据越高的生态位,将越容易捕获设计任务。

设计资源经验支撑能力反映设计资源内在能力的历史积累结果体现,反映云设计资源生态系统运行过程中,为获得有利的竞争地位,通过积累形成长远的内在优势和竞争力,表现为设计资源的内在素质,为解决设计任务需求提供支撑。关注的重点是内在的完成设计任务的成功率以及设计任务难度所形成的经验积累和外部的长期历史积累形成的商业信誉,刻画的是设计资源过去实践以及与环境相互作用积累的结果。

(2)设计资源“态”与“势”界面因子说明。设计资源执行力是指设计资源在某一设计任务环境下执行设计任务这一过程其所能占有的能力,从而保障其能将获得的设计任务转化成得以持续生存和发展的营养。通过设计资源功能行为能力和设计资源环境适应能力来反映,其即依赖于设计资源的历史积累,也对资源实现增值和设计服务目标实现有着重要影响,因此既具有“态”的特性,也具有“势”的特性。

设计资源功能行为能力反映设计资源在执行设计任务过程中内在功能所表现出来的响应并执行设计任务需求行为,以实现服务和增值的能力。其关注的是设计资源功能在执行设计任务过程中所表现出来的行为功能,包括设计资源提供者对设计任务的承诺与动机,设计资源间的信息交换及竞合基础,设计资源创造力和设计资源可靠性等。

设计资源环境适应能力反映设计资源面对外部环境变化时所表现出来的对环境适应的程度,其重点关注的是能感知外部环境的变化,并能根据变化寻找到合适的方式来应对外部环境的变化。对于外部环境变化来源于设计任务的变化,即用户需求的变化,资源提供者应建立并保持与用户之间良好的信息交流渠道,及时、准确了解用户需求,以保障输出的设计服务满足用户的需求;在云设计资源生态系统中,设计资源必须适应所处的环境,必须遵循“适者生存”的自然法则,必须通过自我改进、自我学习来提升自己的水平才能获得生存的基础,否则就会被淘汰而退出云设计资源生态系统,这也促使设计资源进化得以实现,其反映的是设计资源进化效率。

(3)设计资源"势"因子说明。设计资源竞争力是实现预期目标,强化云设计资源管理中的两个基本输出,即设计服务目标和设计资源增值,从而拓展自身生态位的能力,是实现设计资源持续发展,提升设计资源竞争力的重要体现。通过设计资源增值提升设计资源的生存能力,为捕获更优质的设计任务提供支撑,从而为设计资源持续竞争优势获得提供支撑,真正实现设计资源的进化。

设计服务实现能力反映的是设计资源预期满足用户需求的程度,因此应站在用户的角度来考量设计资源对设计服务目标实现能力。用户关注的主要是设计完成的时间、质量和成本,以及设计任务整体上的履约情况,因此通过设计资源预期完成设计任务的时效性、质量水平、性价比以及合同履约率来刻画设计资源提供的设计服务的影响。

设计资源增值能力反映的是设计资源自身预期目标实现程度,因此应站在设计资源提供者的角度来考量设计资源自身增值目标的实现能力。在云设计资源生态系统中,设计资源自身增值体现在两个方面,一方面关注的是预期资金收益水平,即预期付出的成本与预期获得的资金收益的比值能否达到自身的期望;另一方面关注的是能否获得持续的竞争优势,即通过完成设计任务后除了资金收益外的其他方面的收益,重点是设计资源能力的提升,为设计资源生存提供支撑。因此通过设计资源获得的性价比和设计资源能力提升程度来刻画设计资源增值能力。

4.3 云设计资源生态位测度模型

4.3.1 生物生态位宽度测度模型

最早提出生态位宽度计测公式的是 Levins,其公式如下:

Simpson 指数:

$$B_i = \frac{1}{\sum\limits_{j=1}^{R} p_{ij}^2} = \frac{(\sum\limits_{j=1}^{R} N_{ij})^2}{\sum\limits_{j=1}^{R} N_{ij}^2} = \frac{Y^2}{\sum\limits_{j=1}^{R} N_{ij}^2} \qquad (4-4)$$

Shannon-Wiener 指数:

$$B'_i = -\sum_{j=1}^{R} P_{ij} \lg P_{ij} \qquad (4-5)$$

式中，B_i 和 B'_i 为物种 i 的生态位宽度；$P_{ij} = \dfrac{N_{ij}}{Y_i}$ 是第 i 个物种利用资源状态 j 的个体占该种个体总数的比例。B'_i 就是 Shannon-Wiener 指数。在物种 i 利用每个资源的个体数都相等的情况下，B_i 和 B'_i 均达到其最大值。这说明当物种对所有资源状态不加区别地利用时，才有较宽的生态位。Levins 模型公式虽然计算简单，生物学意义明确，但是忽略了种群对环境资源的利用能力或对生态因子的适应能力的差异及由此产生的对生态位的影响，故不能将这两个公式完全看作是对种群生态位宽度的定量分析。

Hurlbert 对 Levins 提出的方法进行改进，用资源可利用率进行加权而得出如下测定公式：

$$B' = \frac{Y_i^2}{A \sum_{j=1}^{R} \left(\dfrac{P_{ij}^2}{a_j} \right)} \tag{4-6}$$

对稀有资源的选择性很敏感，因而给了一个较大的权重，且当 $a_j = 0$ 时，B' 值未定义。

Hurlbert 公式虽然考虑到了种群对资源的利用能力和对生态因子的适应能力，但其在数学形式上仍未摆脱 Simpson 公式的本质，参数意义不确切，存在一定的局限性。

Feinsinger 提出的生态位宽度模型：

$$\mathrm{PS} = \sum_{j}^{R} \min (p_{ij}, q_{ij}) = 1 - \frac{1}{2} \sum_{j}^{R} | p_{ij} - q_{ij} | \tag{4-7}$$

式中，p_{ij} 为物种 i 利用资源 j 的概率；q_{ij} 为物种 i 可利用的资源状态 j 占整个可利用资源的比例。该式是 Czekanowski 指数，或称比例相似系数，曾被用于计测生态位重叠及群落的相似性。

Smith 模型

$$\mathrm{FT}_i = \sum_{j=1}^{R} (p_{ij} q_{ij})^{1/2} \tag{4-8}$$

该式的取值范围为 $0 \sim 1$，式中 p_{ij} 和 q_{ij} 分别是第 i 个种群在第 j 个资源位上所占比例和资源利用效率，R 为资源位个数。该式在计测物种对稀有资源的选择反应时不敏感。在资源利用向量为多维、资源可利用性固定且已知的情况下，可进行统计检验。FT_i 还可用于度量 2 个或 1 组物种间的生态位重叠。

4.3.2　云设计资源生态位宽度测度模型

类似于生物物种的生态位宽度原理，一个设计资源的生态位越窄，该设计资源的特化程度就越大;相反一个设计资源的生态位越宽,该设计资源的特化程度就越小。生态位宽度越宽,说明所研究对象在云设计资源生态系统中发挥的生态作用越大,其被利用率越高,实现增值的程度也越大,体现其竞争力越强。反之生态位宽度越窄,在云设计资源生态系统中发挥的生态作用越小,被利用的可能性也越小,导致竞争力越弱,越有可能被淘汰。设计资源之间的生态位越接近,相互之间的竞争就越激烈。分类上属于同一层次或同一类别的设计资源之间,由于亲缘关系较接近,因而具有较为相似的生态位,竞争就比较激烈,它们可以分布在不同的空间层次上,即垂直结构,通过资源使用价格或性价比等因素进行分层,以减弱竞争。如果它们分布在同一空间层次上,那么必然由于竞争而逐渐导致其生态位分离。

综合 Levins,E. P. Smith 的生态位宽度定义,云设计资源生态位宽度可以定义为一个设计资源所在各种生态因子梯度数值的集合,即设计资源对云设计生态系统环境适应的多样化程度;由云设计资源生态位模型可以看出,其由多个生态因子来决定其生态位的大小,从单生态因子角度难以准确反映其真实生态位,因此用多维空间描述生态位有助于概念的精确化。因此本书以 Smith 模型为基础,赋予新的内涵,对其进行改进后对云设计资源生态位进行测度。

$$B_i = \sum_{j=1}^{R} (p_{ij}q_{ij})^{1/2} \qquad\qquad (4-9)$$

式中,B_i 代表第 i 种设计资源的生态位宽度;p_{ij} 代表设计资源个体 i 能否参与完成设计任务个体 j 的程度;q_{ij} 代表云设计资源个体 i 完成设计任务个体 j 的效率;R 代表设计任务的总量。

Smith 模型中提到的相关指标内涵和适用条件,即 p_{ij} 和 q_{ij} 分别是第 i 个种群在第 j 个资源位上所占比例和资源利用效率,R 为资源位个数。该式在计测物种对稀有资源的选择反应时不敏感,均与云设计资源的指标含义和适用条件一致,其具体体现如下:

R 是资源位个数,代表拥有的为种群提供食物的个数,本模型中的 R 代表设计任务的总量,而设计任务在云设计资源生态系统中扮演的就是生产者的角色,提供的是设计资源的食物,因此两者在内涵上也是一致的。

p_{ij} 是第 i 个种群在第 j 个资源位上所占比例,反映的内涵是种群可以利用资源量。本模型中的 p_{ij} 代表设计资源个体 i 能否参与完成设计任务个体 j 的程度,也反映了设计资源个体可利用的设计任务量(即 Smith 模型中的种群可利用资源量),这个可通过其是否愿意参与设计任务的程度来反映,可参与的程度越高,其可利用资源量越高,即 Smith 模型中种群可以利用资源量越大。

q_{ij} 是第 i 个种群在第 j 个资源位上的资源利用效率,反映的内涵是种群对某一资源的利用效率,换个角度来说就是种群自身能够捕食资源而获得生存所需营养的效率。本模型中的 q_{ij} 代表云设计资源个体 i 完成设计任务个体 j 的效率,其内涵与其一致。

通过云设计资源的生态位的分析以及云设计资源生态位模型的构建,从云设计资源生态因子内涵上进一步反映出设计资源生态位的两个层面,一是反映设计资源的参与任务的程度,即设计资源经验支撑能力、设计资源功能支撑能力;二是反映设计资源完成设计任务的效率,即设计资源功能行为能力、设计资源环境适应能力、设计服务实现能力和设计资源增值能力。因此在进行云设计资源生态宽度测量的时候要从设计资源的参与程度和完成效率两方面进行测度,例如,某一设计资源完成任务的效率非常高,但是其不愿意参与到设计任务中,或者不可获得,那么其生态位值也为 0,没有与其他设计资源竞争的可能。

具体计算过程中,首先利用 4.2.1 小节通过筛选后所获得的 19 个云设计资源生态因子指标,以及通过因子分析提取的 6 个生态因子为基础,建立云设计资源生态位评价指标体系,见表 4 - 19。

表 4 - 19　云设计资源生态位评价指标体系

目标	准则层	评价指标层	计算说明
云设计资源生态位	设计服务实现能力（BS_1）	服务时效性（BS_{11}）	百分比
		服务的质量水平（BS_{12}）	分值区间：$[0,1]$
		服务的性价比（BS_{13}）	分值区间：$[0,1]$
		合同履约率（BS_{14}）	百分比
	设计资源增值能力（BS_2）	设计资源获得的性价比（BS_{21}）	百分比
		设计资源能力提升程度（BS_{22}）	百分比
	设计资源功能行为能力（BS_3）	资源提供者的承诺与动机（BS_{31}）	分值区间：$[0,1]$
		设计资源开放性（BS_{32}）	分值区间：$[0,1]$
		设计资源创造力（BS_{33}）	分值区间：$[0,1]$
		设计资源可靠性（BS_{34}）	分值区间：$[0,1]$
	设计资源环境适应能力（BS_4）	关注用户需求程度（BS_{41}）	百分比
		设计资源进化效率（BS_{42}）	百分比

续 表

目标	准则层	评价指标层	计算说明
云设计资源生态位	设计资源经验支撑能力(BT_1)	设计资源商业信誉(BT_{11})	百分比
		设计资源已完成设计任务成功率(BT_{12})	百分比
		设计资源已完成设计任务水平(BT_{13})	百分比
	设计资源功能支撑能力(BT_2)	功能的可获得性(BT_{21})	分值区间:[0,1]
		功能使用连续稳定性(BT_{22})	分值区间:[0,1]
		功能可被替代程度(BT_{23})	分值区间:[0,1]
		功能稀缺程度(BT_{24})	分值区间:[0,1]

在量化处理过程中,我们发现这 6 项指标可能具有有序参量(order parameter)特征。有序参量简称序参量,描述与物质性质有关的有序化程度和伴随的对称性质。在连续相变上的主要特征是在相变点序参量连续地从零(无序)变到非零值(有序)(或反过程)。而序参量可以用突变函数方法进行数学处理,便于我们建立模型并有效应用。为此,我们拟从上述 6 项指标的经济学和管理学内涵剖析其系统特征,分析每一项企业生态位因子是否具备序参量特征,以决定能否运用突变函数构建模型。

序参量是协同学创始人哈肯(H. Haken)在描述自组织系统时所界定的概念,是反映系统有序程度改变的状态参量。序参量的演变方向,直接影响着系统未来的稳定性,决定着系统有序程度的大小。在协同学上规定的序参量应该具备以下特征:①"序参量"是由系统内部大量子系统之间的合作和协同一致而产生的;②"序参量"对子系统的运动具有主导支配作用;③"序参量"是长寿命的慢弛豫变量,在系统中长期存在;④"序参量"是系统中极其活跃的不稳定性的"变革"因素;⑤"序参量"是衡量系统内有序程度的主要参量。我们就是依据序参量的这 5 项特征来评估设计服务实现能力、设计资源增值能力、设计资源功能行为能力、设计资源环境适应能力、设计资源经验支撑能力、设计资源功能支撑能力 6 项指标是否可以作为序参量处理。具体说明见 4.2.3 小节。因此我们采用突变函数构建模型。突变理论对目标的综合评价是根据评价目的,对评价总指标进行多层次矛盾分解,排列成倒树状目标层次结构,由评价总指标到下层指标,逐渐分解到下层子指标。原始数据只需要知道最下层子指标的数据即可。突变评价法的主要优点是:其对各目标重要性的确定量化是根据各目标在归一公式本身中的内在矛盾地位和机制决定的,不是由决策者的主观"权重"确定的,因而大大地减少了评价过程中的主观性,而且计算简单方便。

突变评价法的要点是:①构造评价指标体系,将系统分解为由若干评价指标组成的多层系统;②确定底层评价指标的评分,即将突变理论与模糊数学相结合,产生一种多维的关于复杂抽象目标的在$[0,1]$之间取值的越大越优型的突变模糊隶属度值;③归一运算,即利用归一公式进行综合量化递归运算,求出系统的总突变隶属度值;④综合评价,即对各独立系统的总突变隶属度值进行排序,从而据此进行综合评价。

最常见的突变系统模型类型有 4 种,即尖点突变系统模型、折叠突变系统模型、燕尾突变系统模型和蝴蝶突变系统模型。

(1) 尖点型突变函数,其分歧点集方程为

$$\left.\begin{array}{l} u = -6x^2 \\ v = 8x^3 \end{array}\right\} \tag{4-10}$$

转化为归一公式(突变模糊隶属函数):

$$\left.\begin{array}{l} x_u = \sqrt{u} \\ x_v = \sqrt[3]{v} \end{array}\right\} \tag{4-11}$$

式中,x_u 表示对应 u 的 x 值;x_v 表示对应 v 的 x 值。

(2) 类似地,对于折叠型突变函数,得归一公式

$$x_u = \sqrt{u} \tag{4-12}$$

(3) 对于燕尾突变函数,得归一公式

$$\left.\begin{array}{l} x_u = \sqrt{u} \\ x_v = \sqrt[3]{v} \\ x_w = \sqrt[4]{w} \end{array}\right\} \tag{4-13}$$

(4) 对于蝴蝶型突变函数,得归一公式:

$$\left.\begin{array}{l} x_u = \sqrt{u} \\ x_v = \sqrt[3]{v} \\ x_w = \sqrt[4]{w} \\ x_t = \sqrt[5]{t} \end{array}\right\} \tag{4-14}$$

根据相关参数的特征,得出如图 4-2 所示的云设计资源生态位评价模型。

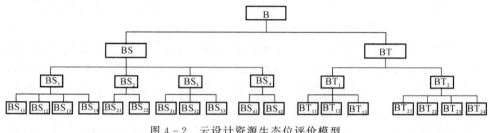

图 4-2　云设计资源生态位评价模型

通过计算后获得 BS 和 BT 的相应值,即 p_{ij} 和 q_{ij},然后带入式(4-9)中即可计算出设计资源生态位的值。

4.4　本章小结

本章以生态位理论为基础,通过分析云设计资源生态位内涵,以云设计资源个体为对象,利用因子分析法提取了设计资源功能支撑能力、设计资源经验支撑能力、设计资源功能行为能力、设计资源环境适应能力、设计服务实现能力和设计资源增值能力作为云设计资源生态因子,从而构建了云设计资源生态位模型及测量指标。以 Smith 生态位测度模型为基础,构建了云设计资源生态位宽度测度模型,并通过实例化进行说明。同时生态位作为不同条件下云设计资源取用模型的关键参数,并通过生态位测度值为计算资源取用平衡点和稳定性提供支持。

第5章 基于生态位的云设计资源取用

5.1 云设计资源间关系优化类型

生物生存的行为对策是为了占据最有利的资源。生物与环境的相互关系以及生物对其生物环境和非生物环境的适应是进化的动力,作用于生物的生态压力又是决定进化和适应的选择压力。正是在这种自然选择压力(同其他物种或本种变种进行的竞争,在捕食和寄生方面与其他生物间的相互作用)推动下,生物采取不同的生态对策或行为对策,最有效地占有它们的生态位,或者能比任何其他竞争者更好地适应这一生态位。为了最有效地占据或更好地适应生态位,存在最适性理论。最适性理论的基本出发点是,自然选择总是倾向于使生物最有效地传递它们的基因,因而也是最有效地从事各种活动,包括使它们在时间分配和能量利用方面达到最适状态。例如:由于进化选择的压力,生物通常都能最有效地获得食物,决定去什么地方取食、取食什么类型的食物以及如何取食。围绕着最优化觅食,生物在不同场合展示如何与其他个体合作,传递信息,寻找最佳路线,共同猎食,或者归避风险,资源再分,食物趋于特化……种种自然现象。研究表明,生物不仅在捕食方面,而且在涉及生存时表现出的行为或进化时发生的方向都指向"最优"和"最有效",即能够成为最有效率的捕食者和最成功的逃避捕食者,能够最有效率地利用资源。

两个设计资源之间的关系在3.3节中已经阐述,主要包括竞争关系和互利关系,结合云设计资源生态位,可以认为它们之间彼此影响,也可以互不干扰,它们之间的关系如图5-1所示,其中圆圈代表设计资源的生态位。

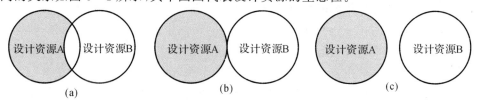

图5-1 设计资源生态位之间关系图

(a)相互影响; (b)临界状态; (c)互不干扰

其中对于图5-1(a)相互影响来说,设计资源A和B之间的生态位由于存在着较多的重叠区域,表明两者之间会产生较强的竞争;对于图5-1(b)临界状态来说,设计资源A和B之间的生态位存在较少的重叠区域,表明两者之间产生竞争或不产生竞争,但针对竞争可以有多种选择的策略,可以是单的竞争,也可以是合作;对于图5-1(c)互不干扰,设计资源A和B之间的生态位不存在重叠区域,表明两者之间不产生竞争。

根据图5-1可以细分出设计资源的关系类型,即Ⅰ—基本不相关型(竞争或合作不足)、Ⅱ—竞争主导型、Ⅲ—竞合型和Ⅳ—合作主导型四种,如图5-2所示。

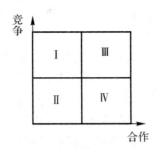

图5-2 基于设计资源生态位的设计资源间关系类型

1.基本不相关型

基本不相关型的设计资源间关系指的是同一设计任务的两个设计资源之间既没有竞争也没有合作,或者是竞争或合作较少,可以忽略。由于两个设计资源对设计任务的使用互不相关,彼此的生态位是相切或者是相离的,两个设计资源的中间地带会有部分设计任务没有充分利用或没被发现,由此形成了不相关的设计资源关系。在设计资源实际取用过程中,这种情况常常不易发觉,存在的可能性和关注度都较小。设计资源如果能够通过一定手段发现与其他设计资源处于该种状态,应该积极地寻找尚未利用的设计任务(除非技术上不具有可行性)。

2.竞争主导型

设计资源生态位代表的是设计资源有能力拥有和控制实现设计任务的状况。设计资源生态位的相互影响导致设计资源之间的竞争,适用竞争排斥原理,即生物群落中两种生物不可能占有完全相同的生态位,根据竞争排斥原理,如果两个设计资源能共存于同一个生境,那么它们一定是生态位分离的结果,即通过竞争后形成互不干扰的形态。如果没有这种分化或者生境使这种分化不可能,就将导致一个结果:一个设计资源将消灭或排除另一个设计资源。另一方面,在处于竞争主导的环境下,当设计任务相对不足时,在特定的环境中,设计资源的发展终究要受到设计任务的限制,因此设计资源的数量总会达到它的"饱和水平",即 logistic 增长模型。

3. 竞合型

竞合型设计资源关系是竞争的一种形态。竞争是设计资源为获取设计任务的主要表现方式,传统的设计资源竞争是单枪匹马争夺一切有利于设计资源增值的设计任务。竞合型设计资源关系的"竞合"(copetition)一词是由耶鲁大学管理学院的拜瑞·J·内勒夫和哈佛商学院亚当·布兰登勃格在 20 世纪 90 年代中期提出的,他们将企业的竞合关系总结为,"竞争"是与竞争对手的竞争,"合作"是与企业上下游企业的合作,竞争与合作的对象是各不相同的。后来诸多学者对"竞合"问题进行进一步研究,总结出了一个较为规范的定义:在运作过程中,企业始终处于竞争和合作的氛围,不管是针对竞争对手还是合作伙伴,都同时存在着竞争和合作的关系,是一种竞争性的合作,或是一种合作性的竞争,这种竞合关系是推动企业发展的潜在动力和源泉。就如狮子联合狩猎可以大大提高其捕食成功率,这种成功足以弥补捕猎成功后分享同一猎物所蒙受的损失。豺狗联合起来对付体形高大的斑马,是为了享用更好的食物,同时分散对自身存在的潜在危险,如此的合作结果要比豺狗单独行动时的食谱更为丰富,可利用资源的范围有了拓展。生物的竞合现象不仅发生在同一种群内,异类种群间也存在。

那么对于设计资源,竞合关系是指设计资源间为提升捕获设计任务的效率,组合起来去捕获设计任务,体现的是一种竞争性的合作,或是一种合作性的竞争。增值是形成竞合主导型关系的前提条件。合作竞争关系能够为合作的双方带来具体的有成效的好处,如提高捕获设计任务效率、增强竞争优势等。

4. 合作主导型

当设计资源间的竞争使各参与竞争的设计资源增值程度增加,如果某一设计资源退出竞争时,各设计资源的增值程度减少,那么设计资源间的这种关系称为互利,本书把互利关系称为合作主导型设计资源关系。

基于上述四种基于设计资源生态位的设计资源间关系类型分析,其结果表明设计资源优化的结果,作为云设计资源取用方式。根据云设计资源取用过程所解决的几类问题,即单设计任务下单云设计资源取用、单设计任务下多云设计资源取用和多任务多云设计资源的取用,分别研究取用方法。

5.2 单任务下设计资源取用

5.2.1 单设计任务下单设计资源取用

在单设计任务下单设计资源的取用主要根据设计资源生态位宽度大小,选取设计资源生态位宽度高的设计资源作为完成设计任务的资源,相对比较简单。由于在云设计资源生态系统中不断有设计资源的进入或退出,设计资源为了增值,必须有设计任务为其提供增值的渠道。当设计任务过少时,设计资源之间的竞争将会加剧,最终导致设计资源大量退出云设计资源生态系统;当设计任务过多时,设计资源之间缺乏有效竞争,导致设计资源取用效率低下,作为云设计资源系统的运营商应考虑寻找更多的设计资源加入到云设计资源生态系统中,因此还应考虑此设计资源个体所在的设计资源种群的规模问题。

1. Logistic 模型

Logistic 模型建立:假设资源供给始终保持一常数不变,且对每一个体的分配是均等的。当种群规模增大时,每个个体资源的分配量会相应减少,从而使种群规模的增长率降低。相应的 Logistic 模型如下:

$$\frac{1}{x}\frac{\mathrm{d}x}{\mathrm{d}t} = r\left(1 - \frac{x}{K}\right) \quad 或 \quad \frac{\mathrm{d}x}{\mathrm{d}t} = rx\left(1 - \frac{x}{K}\right)$$

式中,r 是内禀增长率,即在特定条件下,具有稳定年龄组配的生物种群不受其他因子限制时的最大瞬时增长速率,即在食物与空间不受限制,同种其他个体的密度维持在最适水平,环境中没有天敌,并在某一特定的温度、湿度、光照和食物性质的环境条件组配下,种群的最大瞬时增长率。内禀增长率反映了种群在理想状态下,生物种群的扩繁能力。

K 表示环境容纳量,即在有限生存资源条件下,种群能够维持的最大生存数量,也称作饱和种群数量。

种群的未饱和程度可以用 $1-x/K$ 表示。相应的 $r(1-x/K)$ 表示种群的相对增长速率。当种群数量 $x=0$ 时,未饱和程度是1,种群的相对增长速率即为内禀增长率 r;随着种群数量的增加,未饱和程度降低,相对增长速率降低。当种群数量达到环境容纳量 K 的时候,未饱和程度为0,相对增长速率也是0,种群数量达到稳定状态。

依据 Logistic 模型的解可以得到如图 5-3 所示的曲线,称之为 Logistic 曲线,反映了考虑生存资源限制的情形下设计资源种群内部设计资源个体的增长过程。

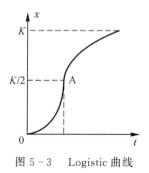

图 5 - 3　Logistic 曲线

Logistic 模型有两个平衡状态，分别是 $x=0$ 和 $x=K$ 的时候。当种群数量小于环境容纳量 K 时，$dx/dt>0$；当种群数量大于 K 时，$dx/dt<0$。所以，$x=K$ 是全局稳定的。在 $x=0$ 时没有意义。所以当种群数量达到环境容纳量时，种群数量全局稳定。

为了进一步了解种群增长过程的性质，对 Logistic 模型的解求二阶导数：

$$\frac{\mathrm{d}^2 x}{\mathrm{d}t^2}=r^2 x\left(1-\frac{2x}{K}\right)\left(1-\frac{x}{K}\right) \tag{5-1}$$

所以，二阶导数 $dx^2/dt^2=0$ 的条件分别是 $x=0$，$x=K$ 以及 $x=K/2$。前两类情形属于极端情况。当 $x=K/2$ 时，表示 Logistic 曲线在种群数量为环境容纳量的二分之一时出现拐点，即图中的 A 点。在 A 点之前，种群增长速率增加；在 A 点之后，种群增长速率逐渐降低。

2. 单设计任务下单设计资源取用平衡点和稳定性测度

Logistic 模型能够用于解决在单设计资源环境下种群数量的稳定性问题，能够刻画出种群规模的增长规律并确定种群的稳定状态。因此 Logistic 模型的原理与方法，可以用于使单设计任务下的设计资源发展和稳定问题更加清晰化。

假设云设计任务的供给始终保持一常数不变，且对每一设计资源个体的分配是均等的。当设计资源种群规模增大时，每个个体所能分配的设计任务量会相应减少，从而使设计资源种群规模的增长率降低。在云设计任务总量有限的情形下，基于 Logistic 模型云设计资源种群规模扩大的时候，增长速率将由快变慢，最终实现全局稳定，达到云设计任务所能满足的环境容纳量，并保持动态平衡。

云设计资源种群的内禀增长率，即在云设计任务充足、云设计资源种群密度合理的特定条件下，云设计资源种群不受其他因子限制时的最大瞬时增长速率。内禀增长率反映了种群在理想状态下，云设计资源种群的扩繁能力。内禀增长率越大,云设计资源种群达到稳定状态的速率就越快。

云设计资源种群的环境容纳量,即在有限云设计任务的条件下,设计资源个体能够维持的最大个体数量,即云设计任务所需要的最多资源数量。当云设计资源种群密度超过其环境容纳量时,由于每一资源个体因无法获得足够的任务而主动退出或者被淘汰,设计资源密度会降低。

云设计资源种群的未饱和程度影响种群的增长率。未饱和程度越大,设计资源个体增长率就越快,越接近内禀增长率。在极端情况下,如果设计资源种群密度为 0,即未饱和程度为 1,那么这一时点的设计资源个体增长率就是内禀增长率;如果种群密度已经达到环境容纳量,那么设计资源种群就已经达到饱和,其增长率为 0,达到稳定状态。个体数量对云设计资源种群达到稳定程度的作用反映了客观存在的密度制约。

基于 Logistic 模型,建立云设计资源个体增长的 Logistic 方程:

$$\frac{1}{x(t)}\frac{\mathrm{d}x(t)}{\mathrm{d}t} = r\left(1 - \frac{x(t)}{K}\right) \tag{5-2}$$

式中,$x(t)$ 表示 t 时刻云设计资源种群密度,即反映包含的云设计资源个体的数量;r 表示云设计资源种群的内禀增长率;K 表示云设计资源种群的环境容纳量。

上述模型刻画了单设计任务下单云设计资源种群的相对增长速率。上述微分方程的右边项中,云设计资源种群的内禀增长率 r,是种群在不受外界条件限制下的最大增长速率。未饱和程度 $1 - x/K$ 是云设计资源种群的自然增长饱和度对其增长率的阻滞作用,增长率随着饱和程度增加而逐渐下降并趋于零。

当云设计资源种群密度趋于环境容纳量 K 时,云设计任务对云设计资源的取用趋于达到稳定状态。此时的云设计资源种群数量基本动态稳定在环境容纳量的附近。云设计任务的总供给量保持不变,种群内的资源存在出生和死亡,平均出生率是不依赖于时间 t 和种群大小 $x(t)$ 的一个常数 α,而平均死亡率是与种群大小成比例的,即为 $\beta x(t)$,二者趋于一致,使得种群数量趋于环境容纳量 $K(K=\alpha/\beta)$,种群内每一资源个体所捕获的任务数量趋于稳定。

基于 5.1 节中介绍的 Logistic 模型的求解方法,对云设计资源种群增长速率求解,得到如下结果:

$$x(t) = \frac{K}{1 + (K/x(0) - 1)\mathrm{e}^{-rt}} \tag{5-3}$$

在已知云设计资源的初始种群密度 $x(0)$ 以及环境容纳量 K(或平均出生率与死亡率)与内禀增长率 r 的情形下,云设计资源的种群密度将随着时间按照上式变化,其增长率由快到慢(在达到环境容纳量的二分之一时出现拐点),并在达到环境容纳量时保持稳定。

5.2.2　单设计任务下多设计资源取用

1. Lotka-Volterra 模型概述

如果在生态系统中存在两个或两个以上的种群竞争可能的资源,则可以使用 Logistic 模型的合理组合来描述各物种的增长情况。

$x_1(t)$ 和 $x_2(t)$ 分别表示两个种群在 t 时刻的种群密度,基于 Logistic 模型,并考虑两个种群之间的相互竞争作用,两个种群的增长率分别是

$$\left.\begin{aligned}\frac{\mathrm{d}x_1}{\mathrm{d}t} &= x_1(b_1 - a_{11}x_1 - a_{12}x_2) \\ \frac{\mathrm{d}x_2}{\mathrm{d}t} &= x_2(b_2 - a_{21}x_1 - a_{22}x_2)\end{aligned}\right\} \tag{5-4}$$

式中,b_1,b_2 与 a_{ij} 均为正常数。其中,b_1,b_2 反映的是各种群的出生率情况,a_{11},a_{12} 反映的是种群内的竞争对种群增长率的阻遏情况。种群间的竞争是由于两种种群的生态位存在重叠,都需要获取资源以维持种群的生存。这种由于生态位重叠而导致的竞争会对种群密度产生阻滞。种间竞争程度受到两个种群生态位关系的影响。

如果 $a_{11}x_1 + a_{12}x_2 < b_1$,第一种种群的增长率为正;如果 $a_{11}x_1 + a_{12}x_2 = b_1$,则增长率为 0,种群数量达到平衡;如果 $a_{11}x_1 + a_{12}x_2 > b_1$,则增长率为负。对于第二种种群,也有同样类似的情况。

对于两种种群,若其增长率 $\mathrm{d}x_1/\mathrm{d}t$ 和 $\mathrm{d}x_2/\mathrm{d}t$ 都等于零,则说明模型中的两种群达到了平衡,种群数量稳定。平衡状态的方程为

$$\left.\begin{aligned}x_1(b_1 - a_{11}x_1 - a_2x_2) &= 0 \\ x_2(b_2 - a_{21}x_1 - a_{22}x_2) &= 0\end{aligned}\right\} \tag{5-5}$$

对此方程组求解,得如图 5-4 所示的关系,在 x_1,x_2 组成的平面直角坐标系中,直线 $a_{11}x_1 + a_{12}x_2 = b_1$ 和 $a_{21}x_1 + a_{22}x_2 = b_2$ 将平面划分成四个部分。其中的三个平衡点分别表示上述三个平衡状态,而种群密度在四个尚未达到平衡状态的区域中的变化情况如图 5-4 所示。

在区域 I,x_1 和 x_2 的种群数量的变化趋势均是增加;

在区域 II,x_1 的种群数量将增加,x_2 的种群数量将减少直至被淘汰;

在区域 III,x_2 的种群数量将增加,x_1 的种群数量将减少直至被淘汰;

在区域 IV,x_2 和 x_1 的种群数量的变化趋势均是减少。

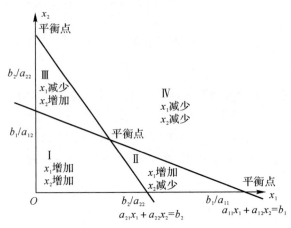

图 5 - 4　Lotka - Volterra 模型解的关系

2.单设计任务下多设计资源取用平衡点和稳定性测度

在云设计资源生态系统中,如果存在来自用户的同质云设计任务种群,而存在两个或多个设计资源种群可以用于实现该设计任务,即云设计资源之间存在生态位重叠,那么在取用资源以实现任务的过程中,就存在各设计资源种群竞争任务的问题。

运营商如何配置各设计资源,以保证云设计生态系统的平衡与稳定,从而实现云设计资源的优化与设计任务的高效完成,是运营商必须予以关注的问题。Lotka - Volterra 竞争模型是在 Logistic 模型的基础上,充分考虑竞争单有限资源的不同种群之间的种内和种间竞争,从而发现各种群稳定平衡点。因此,Lotka - Volterra 竞争模型的理论与方法可以用于实现单设计任务下多云设计资源取用的稳定性测度问题,使单设计任务下各云设计资源如何竞争或合作及如何实现稳定的问题更加清晰化。

假设云设计任务的供给保持不变,同时系统中存在两种设计资源生态位有重叠、都可以用于完成设计任务的设计资源,分别是设计资源 1 和设计资源 2。两种云设计资源之间存在竞争,其竞争程度会影响对方的数量与增长速率。在这种情形下,基于 Lotka - Volterra 竞争模型,在完成云设计任务的过程中,两种设计资源有可能会有一方被淘汰从而由获胜的一方单独完成任务,也有可能双方稳定共存,从而合作完成任务。

基于对 Lotka - Volterra 竞争模型及其求解过程的讨论,建立如下的云设计资源的 Lotka - Volterra 竞争模型:

$$\left.\begin{aligned}
\frac{\mathrm{d}x_1}{\mathrm{d}t} &= r_1 x_1 \left(\frac{K_1 - x_1 - B_2 x_2}{K_1}\right) \\
\frac{\mathrm{d}x_2}{\mathrm{d}t} &= r_2 x_2 \left(\frac{K_2 - x_2 - B_1 x_1}{K_1}\right)
\end{aligned}\right\} \tag{5-6}$$

式中，r_1 与 r_2 分别表示两种设计资源种群的内禀增长率；K_1,K_2 分别表示两个设计资源种群的环境容纳量；B_1 表示云设计生态系统中设计资源 1 相对于设计资源 2 的竞争系数，即设计资源 1 的生态位；B_2 表示在云设计生态系统中设计资源 2 相对于设计资源 1 的竞争系数，即设计资源 2 的生态位。由于不同设计资源之间相互竞争，因而使得各设计资源对其他设计资源均产生抑制作用。

设计资源间的竞争是由于存在生态位重叠。这种竞争会对资源种群的增长产生阻滞，其竞争程度受到两个种群生态位关系的影响。不同设计资源的生态位不一定相同，其竞争能力也不同。生态位高的资源具有竞争优势，其对于生态位较低的资源产生较大的抑制作用，其抑制效应超过生态位较低的设计资源种群内部的抑制效应。同理，生态位较低的设计资源在竞争中处于劣势。

（1）若 $B_1 = B_2$，表示两个设计资源种群的生态位相同，竞争地位相同，每个设计资源种群 2 的个体对设计资源种群 1 的个体所产生的竞争抑制效应与每个设计资源种群 1 的个体对设计资源种群内的其他个体的抑制效应相同。

（2）若 $B_1 < B_2$，表示设计资源种群 2 的竞争地位强于设计资源种群 1，每个设计资源种群 2 的个体对设计资源种群 1 的个体所产生的竞争抑制效应大于每个设计资源种群 1 的个体对设计资源种群内的其他个体的抑制效应。

（3）若 $B_1 > B_2$，表示设计资源种群 1 的竞争地位强于设计资源种群 2，每个设计资源种群 2 的个体对设计资源种群 1 的个体所产生的竞争抑制效应小于每个设计资源种群 1 的个体对设计资源种群内的其他个体的抑制效应。

这一模型说明，在两种设计资源种群竞争同一云设计任务的过程中，设计资源种群的增长率 $\mathrm{d}x/\mathrm{d}t$ 同时受到设计资源种群的内禀增长率、设计资源种群本身的密度和竞争设计资源种群密度的影响。由于设计资源种群内部竞争的存在，设计资源种群自身的密度会制约种群增长率；同时，由于设计资源种群间竞争的存在，竞争设计资源种群的密度也会制约设计资源种群的增长率。两个相互竞争的设计资源种群在生态系统中相互竞争的结果取决于其生态位与设计资源种群内部竞争的大小。对设计资源种群 1 而言，设计资源种群的环境容纳量 K_1 可以刻画设计资源种群内部竞争，即在不变的任务供给下，设计资源种群密度对设计资源种群增长速率的阻滞作用。基于 Logistic 模型，设计资源种群个体数量一旦达到环境容纳量，设计资源种群即趋于稳定，设计资源种群增长率为 0。K_1 即设计资源种群 1 的

等斜线与 x_1 轴的交点,$1/K_1$ 即可表示设计资源种群 1 达到稳定、设计资源种群 2 趋于灭亡从而使生态系统达到平衡时的设计资源种群 1 的设计资源种群内部竞争程度。而 K_2/B_1 是设计资源种群 2 的等斜线与 x_1 轴的交点,表示云设计生态系统在设计资源种群 2 数量为 0 时的设计资源种群 1 的数量 B_1/K_2,可以表示设计资源种群 1 对设计资源种群 2 的竞争程度。如果 $K_1 > K_2/B_1$,即 $1/K_1 < B_1/K_2$,此时设计资源种群 1 的内部竞争程度弱于设计资源种群 1 对设计资源种群 2 的竞争程度。

对两个设计资源种群的竞争作用进行分析,可以得出如下四种可能结果:

(1)$K_1 > K_2/B_1$,$K_2 < K_1/B_2$。此时设计资源种群 1 的设计资源种群内部竞争程度弱于其对设计资源种群 2 的竞争程度,而设计资源种群 2 的设计资源种群内部竞争程度强于其对设计资源种群 1 的竞争程度,其结果是设计资源种群 1 取胜,设计资源种群 2 被淘汰,从而实现平衡与稳定。在此情形下,云设计任务最终由设计资源种群 1 完成,资源与任务构成的云设计生态系统实现稳定。

(2)$K_1 < K_2/B_1$,$K_2 > K_1/B_2$。此时设计资源种群 1 的设计资源种群内部竞争程度强于其对设计资源种群 2 的竞争程度,而设计资源种群 2 的设计资源种群内部竞争程度弱于其对设计资源种群 1 的竞争程度,其结果是设计资源种群 2 取胜,设计资源种群 1 被淘汰,从而实现平衡与稳定。在此情形下,云设计任务最终由设计资源种群 2 完成。

(3)$K_1 < K_2/B_1$,$K_2 < K_1/B_2$。此时,两个设计资源种群的设计资源种群内部竞争程度均强于对对方的种间竞争程度,两个设计资源种群实现稳定共存,其平衡点解为

$$\left(\frac{K_1 - K_2 B_2}{1 - B_1 B_2}, \frac{K_2 - K_1 B_1}{1 - B_1 B_2} \right)$$

在这种情形下,云设计任务由两个云设计资源设计资源种群共同合作完成,两设计资源种群的个体数量趋于稳定在平衡点附近,分别捕获相应数量的任务。

(4)$K_1 > K_2/B_1$,$K_2 > K_1/B_2$。此时,两个设计资源种群的设计资源种群内部竞争程度均弱于对对方的设计资源种群间竞争程度,两个设计资源种群不稳定共存,双方都有可能取胜,其结果取决于双方的 R^*(见 5.3 节),R^* 小的种群最终获胜。

上述四种情况分别如图 5-5(a),(b),(c),(d)所示。

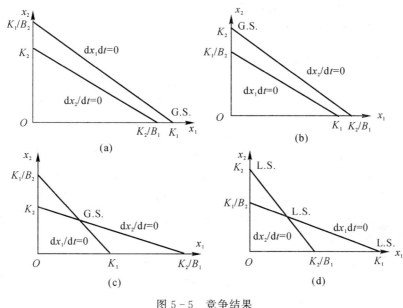

图 5-5 竞争结果

(a)结果 1; (b)结果 2; (c)结果 3; (d)结果 4

图 5-5 中,G. S. 表示全局稳定,L. S. 表示局部稳定。

因此,只有当设计资源种群对自身的抑制作用都大于对对方的抑制作用时,两个种群才能够实现共存。

因此,在云设计生态系统中,运营商如果要提升云设计资源的价值,优化云设计资源,则恰当控制设计资源种群的生态位和设计资源种群内部竞争的强度是必要的。不同生态位的设计资源种群间竞争一方面能够产生竞争压力,促使资源提升和优化自身素质,另一方面也能促进低素质资源的淘汰和高素质资源的进入。同时,在设计资源种群内部保持适度竞争,有助于保持设计资源种群内部的新陈代谢,提升资源素质。当设计资源种群间竞争较弱时,可以适度增强设计资源种群内部竞争,在保持资源稳定共存的前提下,优化资源素质;当设计资源种群间竞争较强时,可以适度降低设计资源种群内部竞争,增进团结协作,提升对环境的适应能力,从而确保自身能够在竞争中存活下去。

如果存在 n 个相互竞争的设计团队,此时,各设计资源种群的密度变化率为

$$\frac{\mathrm{d}x_i}{\mathrm{d}t} = r_i x_i \left(\frac{K_i - x_i - \sum_{j=1}^{n} B_j x_j}{K_i} \right) \qquad (5-7)$$

各设计资源种群如何在取用资源以完成任务的过程中实现稳定与平衡,其原理与上文所述的两设计资源的情况类似,但是处理过程更为复杂,不是本书的研究内容。

5.3　多设计任务并行下设计资源取用

1. Tilman 资源竞争模型概述

在生态学中存在竞争排斥原理,即生态位相同的两个种群不可能在同一地区内共存。竞争导致两个种群无法同时占据同一生态位,它们被迫改变资源利用方式或生活模式而使自身产生相对竞争优势,从而避免生态位的完全重叠。这里所说的"相对竞争优势"即 R^* 取值较低。R^* 值是生态位的一种形式,R^* 取值较低即生态位取值较高。

当种群 i 的增长率 $f_i(R)$ 与某一因素 R 呈正相关关系,并且种群消耗该因素($\partial R/\partial x < 0$)时,$R$ 就是种群 i 的资源,即对该种群而言,R 就是既定时空条件下客观存在的有用事物。其中,x 为种群 i 在单位面积内的个体数或者生物量。

如果种群 i 受个体死亡、身体组织衰老等影响而产生的损失率为 m_i,同时其种群密度还会受到资源条件的制约,此时,其生物量或个体数 $x(t)$ 的变化率可以表示为

$$\frac{\mathrm{d}x_i}{\mathrm{d}t} = f_i(R)x_i - m_i x_i \qquad (5-8)$$

式中,$f_i(R)$ 为种群 i 的资源制约净增长率。大量实验表明,$f_i(R)$ 随着 R 的增大而增大,直至达到饱和。

系统中存在一个大小为 R^* 的资源量,使得种群 i 在生长过程中所积累的生物量等于所需资源的损耗量。当达到平衡时,即 $\mathrm{d}x_i/\mathrm{d}t=0$ 时,积累量与损耗量相等,满足 $f_i(R)=m_i$,则此时的资源量的取值即为 R^*,即为图 5-6 中损耗曲线与资源制约增长曲线的交点,$R^*=f^{-1}(m_i)$。当且仅当生境的资源量大于或等于种群 i 的 R^* 值时,才能维持该种群的生存。只要满足 $R > R^*$,则 $\mathrm{d}x_i/\mathrm{d}t > 0$,种群就会持续增长;而一旦 $R < R^*$,种群就会逐步走向灭亡。在种群资源竞争中,如果某资源因被竞争者利用而降低至 R^* 以下,则种群 i 将会被竞争者排斥,并被淘汰。

当生境的限制性资源唯一时,在平衡状态下竞争力最强的种群就是 R^* 取值最小的种群。该种群能够维持增长的趋势,并不断消耗资源,直至资源数量下降到 R^*。而此时,由于资源数量低于为平衡损耗量所必需的资源数量,其他种群的数量将逐渐减小,直至被淘汰。如图 5-6 所示,种群 1 的 R^* 取值低于种群 2,则种群

1 将持续增长直至资源数量由 R 下降到 R^*，而种群 2 则由于 $f_2(R^*) < m_2$ 而受到竞争种群的排斥。

在竞争的条件下，种间的相互作用只有通过影响资源量来实现，参数 R^* 能综合反映出各种内在生理过程以及形态过程对资源竞争的影响。而资源竞争是通过各种群对资源的需求水平来发挥作用的。因此，从长期看，在竞争单限制性资源时，种间竞争的结果取决于 R^* 的相对大小，而非初始增长率，仅依靠各种群的 R^* 大小就能够预测出种间竞争的结果。资源的 R^* 竞争法则就是在单限制性资源的竞争中，R^* 取值最低的种群将在竞争中获胜。

R^* 值可以表现生物种群的生态位关系。具有较低 R^* 值的种群生态位较高，其竞争能力较强；而具有较高 R^* 值的种群生态位较低，竞争力较弱。

当生态系统中存在两种不同的限制性资源时，两个种群的种间竞争结果将取决于供给的资源量与种群的生态位（R^* 值）。

如果系统中存在两种不同性质的资源，那么种群密度的增长将受资源多少的制约。基于单限制性资源条件下的 R^* 竞争法则，种群稳定所必需的资源量少的种群将在竞争中取胜。如图 5-6 所示，在生态系统中存在 X,Y 两种资源，种群的零增长等斜线 ZNGT 表示使该种群的增长率满足 $dx_i/dt = 0$ 的资源水平，其对应的两种资源量分别是该种群的两种资源的 R_X^* 和 R_Y^*。如果资源量（X,Y）在零增长等斜线的右侧和上方，即在零增长等斜线围成的区域之外，此时 $dx_i/dt > 0$，种群的密度将会增加；如果资源量（X,Y）在零增长等斜线围成的区域以内，此时 $dx_i/dt < 0$，种群的数量将减少；如果处于零增长等斜线上，此时 $dx_i/dt = 0$，种群大小将保持不变，趋于稳定。相应的，如果资源量（X,Y）在零增长等斜线的右边和上边，种群密度将会不断增长，并消耗两种资源，使资源量最终回落到零增长等斜线上，从而实现稳定。

资源水平的任何变化都是资源消耗和资源供应联合作用的结果。两种种群对资源的消耗率不同，但是供应率只有一个，种间竞争的结果取决于资源供应点的位置。

当两种种群同时竞争两种资源时，其零增长等斜线可能不相交，如图 5-6 所示，此时两种种群之间不存在权衡。种群 A 的零增长等斜线在种群 B 的零增长等斜线的右边和上边。资源供应点的位置可能有 3 种情况：

如果资源供应点在①区域，种群 A 和种群 B 都无法生存；

如果资源供应点落在②区域，种群 B 可以生存而种群 A 将会灭亡；

如果资源供应点落在③区域，开始时，两个种群都能够生存，但是竞争的结果将是种群 B 排斥种群 A，因为种群 B 在两种资源上的 R^* 取值都小于种群 A，结果将是种群 B 实现稳定,而种群 A 被淘汰,如图 5 - 6 所示。

当两种种群竞争两类资源时,其零增长等斜线也有可能相交,如图 5 - 7 所示,此时两种种群之间存在权衡。对资源 X 而言,种群 A 具有较低 R^* 值,而对于资源 Y,种群 B 具有较低的 R^* 值。这意味着在两种种群都按照最优的方式来利用资源时,存在稳定共存点。两种种群的稳定共存点及其对应的资源供应量区域构成生态系统的平衡状态。

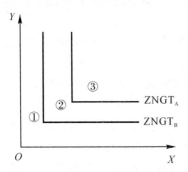

图 5 - 6　零增长等斜线不相交的情形　　　图 5 - 7　零增长等斜线相交的情形

在此情形下,资源供应点的位置可能有 6 种情况:

(1)如果资源供应点落在①区域,种群 A 和种群 B 都无法生存。

(2)如果资源供应点落在②区域,种群 A 能够生存而种群 B 将会灭亡。

(3)如果资源供应点落在③区域,开始时两种种群都能够生存,但最终的结果是种群 A 排斥种群 B。因为随着种群数量的增加,资源 X 将首先消耗至种群 B 的 R^* 值之下。

(4)如果资源供应点落在④区域,种群 A 和种群 B 将能够长期稳定共存。

(5)如果资源供应点落在⑤区域,开始时两种种群都能够生存,但最终结果是种群 B 排斥种群 A。因为随着种群数量增加,资源 Y 将首先消耗至种群 A R^* 值之下。

(6)如果资源供应点落在⑥区域,种群 B 能够生存而种群 A 将会灭亡。

当有超过两种种群在竞争两种限制性资源时,如果每个种群对资源的竞争力都存在权衡,即在对一种资源的竞争中处于优势的种群必然在对另一种资源的竞争中处于劣势,则系统就会存在多个区间,使得每两种种群都能够在一个特定区间内实现稳定共存,即种群在资源竞争力上的权衡使其离散地分布在资源供应梯度上。

2. 基于 Tilman 的资源竞争模型的多资源的平衡点及稳定性测度

在云设计生态系统中,往往同时存在多个云设计任务,而且存在多个可以同时参与各任务的设计资源种群。在这种情况下,如何实现多任务并行下的云设计资源取用的平衡与稳定,提升资源价值,是云设计运营商必须着重关注的现实问题。

依据 Tilman 资源竞争模型,种间竞争的结果取决于资源供应点的位置。在两种种群零增长等斜线所构成的区域内,如果两种种群之间存在均衡,则资源供应点位置不同导致的竞争结果有三种,而且两种种群无法实现长期稳定共存;如果两种种群之间存在均衡,则资源供应点位置不同导致的竞争结果有六种,两种种群有可能实现长期稳定共存。而种群之间是否存在均衡,取决于不同种群相对于特定资源的 R^* 值,其反映的是生态位的值,即 $R^* = 1/B$。如果一个种群在一种资源的竞争中处于优势(即 R^* 值小),而在另一种资源的竞争中处于劣势(即 R^* 值大),那么此时两种种群之间存在均衡。

Tilman 资源竞争模型用于测度多种限制性资源条件下多种群的竞争状态。在多种云设计任务取用多种云设计资源、多种云设计任务并行的问题中,可以应用 Tilman 资源竞争模型的原理与方法,以使多设计任务并行条件下的多云设计资源如何竞争与合作及如何实现稳定的问题更加清晰化。

特定设计资源种群为了维持自身并实现稳定,需要捕获一定数量的任务。任务的供给量会制约设计资源种群的增长率,因而设计资源种群存在任务制约增长率 $f_i(R)$。同时,由于资源种群内的竞争、资源本身的发展变化与新陈代谢、资源的迁出等因素的存在,云设计资源存在损失率 m_i。依据单限制性资源的竞争模型,当 $f_i = m_i$ 时,此时的任务供应量即为该资源种群的 R^* 值。当多种资源种群竞争单设计任务时,R^* 值小的资源将最终取胜。

能力较高的资源由于适应性强、经验丰富、效率高,在复杂性高、技术难度大、风险大、创新要求高的设计任务方面,设计资源种群的损耗率较低,具有较小的 R^* 值,因而具有竞争优势;而能力较低的资源在面对这一类任务时,由于难以适应,因而种群的损失率较大,R^* 值较大,不具有竞争优势。对于复杂性较低、技术难度较小、风险较小、创新要求较低的设计任务,难以满足能力较高的资源种群的成本效益要求和资源升值要求,因而此类资源的损耗率大,R^* 值较大,不具有竞争优势;而能力较低的资源则因为能够高效益、低成本地完成此类任务,损耗率较小,R^* 值较小,具有竞争优势。

由于任务在范围、进度、成本、质量以及风险等方面存在差异性,云设计生态系统中可能存在两种性质不同的云设计任务。设计资源种群为了在市场竞争中生存与发展并提升自身的能力,需要同时去捕获两类云设计任务,在资源种群中,有两类任务并行。生态位互有重叠的不同设计资源种群会竞争两种有差异的云设计任务。而由于资源种群在不同性质的任务方面有不同的 R^* 值,其竞争结果取决于云设计任务的性质和供应点。

如果两种云设计任务均属于复杂性高、技术难度大、风险大、创新要求高的设计任务,而两种设计资源种群能力差距较大,则两种云设计资源之间可能不存在均衡,其零增长等斜线不相交。如果任务的供应点能够满足其中至少一种资源种群的稳定的要求,则其竞争结果必然是 R^* 值较小低的资源最终获胜,即能力较高的资源将会对能力较低的资源产生竞争排斥,淘汰对手,实现自身的稳定增长。

同样,如果两种云设计任务均属于复杂性较低、技术难度较小、风险较小、创新要求较低的设计任务,设计资源种群的能力差距较大,能力较低的设计资源种群在云设计任务满足其生长要求的情况下会最终取胜。

但是,更多的云设计任务竞争是发生在能力差距不大,并且均有一定的竞争优势的设计资源种群之间。生态位重叠程度较大的设计资源种群的竞争是主要的竞争形式。设计资源种群为了维持自身的稳定与生存,需要捕获更多的与自身相适应的有差异性的任务,此时必然会与生态系统内的其他设计资源种群产生竞争。

假设设计资源种群 A 在任务 X 方面有竞争优势,而在任务 Y 方面具有竞争优势的是设计资源种群 B。两种设计资源种群的零增长等斜线存在交点,即两种设计资源种群之间存在均衡。

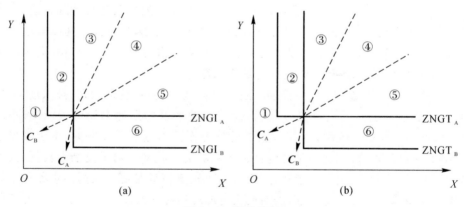

图 5-8　竞争结果
(a)结果 1;　(b)结果 2

但是设计资源种群 A 和设计资源种群 B 完成两种任务的相对能力会有差异,种群消耗不同任务的速度与效率是不同的,即一种种群完成任务 X 的速率大于完成任务 Y 的速率。如图 5-8 所示,在零增长等斜线围成的区域内,这种相对能力表现为资源种群完成（消耗）两类任务的任务完成向量 C 的斜率。如果设计资源种群对两种任务的消耗速率相同，即完成效率相同，则向量的倾角为 45°。对于极端情况，例如设计资源种群 A 不消耗任务 X，则该向量 C_A 与纵轴平行，如果设计资源种群 A 不消耗任务 Y，则该向量 C_A 与横轴平行。

任务供应点的位置决定了云设计生态系统的动态性质，其关系如图 5-8 所示。

如果供应点的位置位于的区域①内，那么两种设计资源种群都因为无法获取足够的任务而无法维持生存。如果位于区域②内，则设计资源种群 A 将通过竞争排斥种群 B；而当供应点位于区域⑥的时候，情况正好相反，设计资源种群 B 会排斥种群 A。当任务供应点位于区域③时，开始时两种群都能够生存，但最终的结果是种群 A 排斥种群 B；而如果位于区域⑤，情况正好相反，种群 B 会最终排斥种群 A。当任务供应点位于区域④时，设计资源种群的竞争情况将因为两种群的任务完成向量的斜率不同而不同：

（1）当设计资源种群 A 的任务完成向量 C_A 的斜率大于种群 B 的任务完成向量 C_B 时，表明种群 A 完成任务 Y 的速率相对较高而种群 B 完成任务 X 的速率相对较高。此时，两种设计资源种群均能够较多的获取对自身的限制较大的设计任务，即设计资源种群 A 能够获取较多的云设计任务 Y，而设计资源种群 B 能够较多地获取云设计任务 X。因此，两种设计资源种群能够稳定共存。

（2）当设计资源种群 A 的任务完成向量 C_B 的斜率小于种群 B 的任务完成向量 C_B 时，表明种群 A 完成任务 X 的速率相对较高而种群 B 完成任务 Y 的速率相对较高。此时，两种设计资源种群无法充分获取对自身的限制较大的设计任务，即设计资源种群 A 无法获取较多的云设计任务 Y，而设计资源种群 B 无法较多地获取云设计任务 X。因此，两种设计资源种群不能够稳定共存，它们之间不存在平衡点。此时，两种群的竞争结果取决于初始条件，即初始状态最容易实现增长的设计资源种群将在竞争中取胜。

因此，云设计生态系统中差异性任务的供应量和设计资源种群的自身性质共同决定了设计资源种群能否生存。

（1）当云设计任务的供应量使设计资源种群处于优势地位时，例如对于设计资源种群 A，供应点位于②③区域，设计资源种群应当强化自身的优势，提升资源对相应优势任务的匹配性、适应性，优化资源完成相应任务的能力。

（2）当云设计任务的供应量处于平衡时，即云设计任务供应点位于④区域，设计资源种群在优化自身固有优势的同时，必须大力提升执行在竞争中处于劣势的任务的效率，以防止被竞争对手淘汰，实现稳定共存。

5.4 实例应用

1. 单设计任务下单设计资源取用实例

假设在云设计资源生态系统中目前仅有 50 人的空调压缩机概念设计团队,设计任务较为固定,由于缺乏竞争,云设计资源生态系统需要引入其他空调压缩机概念设计人员,以增强竞争,需要解决的问题是何时引入多少空调压缩机概念设计人员。

50 人组成的空调压缩机概念设计团队作为初始空调压缩机概念设计人员种群的密度,市场上提供的设计任务总量保持不变,当空调压缩机概念设计人员种群规模增大时,每个个体所能分配的设计任务量会相应减少,从而使空调压缩机概念设计人员个体的增长率降低。基于 Logistic 模型,空调压缩机概念设计人员种群规模在扩大的时候,增长速率将由快变慢,最终实现全局稳定,达到云设计任务所能满足的环境容纳量,并保持动态平衡。

空调压缩机概念设计团队个体内禀增长率是在设计任务充足、空调压缩机概念设计人员种群密度合理的特定条件下,具有稳定结构的设计团队不受其他因子限制时的最大瞬时增长速率。根据市场调查分析,内禀增长率确定为 1.21。内禀增长率反映的是在理论最优条件下的瞬时增长速度,实际增长率低于 1.21。

空调压缩机概念设计人员种群环境容纳量是在有限设计任务的条件下,空调压缩机概念设计人员种群能够维持的最大生存数量。当空调压缩机概念设计人员种群密度低于环境容纳量时,运营商应考虑吸引更多的此类设计人员,以满足市场任务需求;当人员数量超过其环境容纳量时,由于无法获得足够的任务,员工会主动退出或者被淘汰,人员数量会降低。根据宏观环境与市场竞争环境,市场人力资源供给条件,企业战略、企业的相关能力现状以及发展前景,现在将环境容纳量确定为 500 人。

根据 Logistic 模型的相关理论方法,建立如下所示的 Logistic 模型:

$$\frac{1}{x(t)}\frac{\mathrm{d}x(t)}{\mathrm{d}t} = 1.21\left(1 - \frac{x(t)}{500}\right) \tag{5-9}$$

对上式进行求解,可得

$$x(t) = \frac{500}{1 + (500/50 - 1)\mathrm{e}^{-1.21t}}$$

即

$$x(t) = \frac{500}{1 + 9\mathrm{e}^{-1.21t}}$$

设计团队种群密度按照上式的趋势发展。其增长率由快到慢,在达到 250 人时出现拐点,此时 $t=1.82$。这表示,在单设计任务单设计资源团队的情形下,在第 1.82 年时,团队增长率达到最大值。在今后的发展过程中,为了保持团队的恢复能力,团队成员数量不应当低于 250 人。在员工数量达到环境容纳量 500 人时,种群数量实现稳定。

2. 单设计任务下多设计资源取用实例

在市场中,如果存在一种空调压缩机概念设计任务,而同时存在两个相互竞争的空调压缩机概念设计个体可以实现任务目标,则两个设计个体之间存在竞争关系,分别用 A 和 B 代表两个不同的设计个体,可利用 Lotka - Volterra 模型选取 A,B 两个资源来完成此任务,具体过程如下:

A 在完成空调压缩机概念设计任务时,A 所在种群内禀增长率 r_1 为 1.1,环境容纳量 K_1 为 300。

B 所在种群的内禀增长率 r_2 为 1.5,环境容纳量 K_2 为 600。

A,B 的竞争实力有差异,表现在对此任务的生态位不同,A 的生态位为 0.5,而 B 的生态位为 0.6。B 的生态位高于 A,其对任务的竞争能力更强。在生态位基础上,对 A,B 资源的竞争能力进行比较,对 A,B 资源间的竞争状况进行分析。

按照 Lotka - Volterra 模型,建立如下竞争模型:

$$
\left.
\begin{aligned}
\frac{\mathrm{d}x_1}{\mathrm{d}t} &= 1.1 x_1 \left(1 - \frac{x_1 + 0.6 x_2}{300}\right) \\
\frac{\mathrm{d}x_2}{\mathrm{d}t} &= 1.5 x_2 \left(1 - \frac{x_2 + 0.5 x_1}{600}\right)
\end{aligned}
\right\}
\tag{5-10}
$$

建立 A 和 B 的等斜线图,如图 5-9 所示。

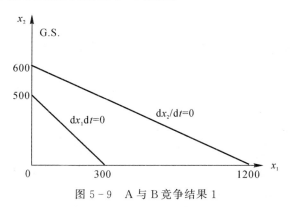

图 5-9 A 与 B 竞争结果 1

对于 A 的等斜线,与 x_1 轴和 x_2 轴的交点分别为(300,0)和(0,500);对于 B,

其交点分别为（1 200,0）和（0,600）。

由于300<1 200,600>500,因而 A 所在种群内部竞争强于 B 所在种群的外部竞争,而 B 所在种群的内部竞争弱于对 A 所在种群的外部竞争。A 将在竞争中失败。

作为 A,若想在激烈的市场竞争中生存下来,必须提升自身的能力,提升设计资源的胜任能力。如果 A 通过一系列积极措施,加强自身培训与发展,其所在种群将环境容纳量提升至720,将生态位提升至0.8,在生态位基础上,重新比较竞争能力。此时,按照 Lotka—Volterra 模型,建立如下竞争模型:

$$\begin{cases} \dfrac{\mathrm{d}x_1}{\mathrm{d}t} = 1.1x_1\left(1 - \dfrac{x_1 + 0.6x_2}{720}\right) \\ \dfrac{\mathrm{d}x_2}{\mathrm{d}t} = 1.5x_2\left(1 - \dfrac{x_2 + 0.8x_1}{600}\right) \end{cases}$$

建立 A 和 B 的等斜线图,如图 5-10 所示。

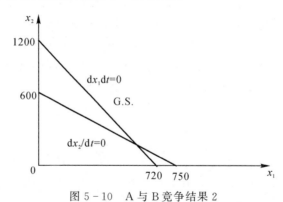

图 5-10　A 与 B 竞争结果 2

对于 A 的等斜线,与 x_1 轴和 x_2 轴的交点分别为（720,0）和（0,1200）;对于 B,其交点分别为（750,0）和（0,600）。

由于720<750,600<1200,因而 A 和 B 能够在竞争中实现共存,其均衡点为（692,46）,即可以采用合作的方式完成设计任务。

3.多设计任务下多云设计资源取用实例

在市场中,如果存在两种差异很大的不同任务,同时又存在两个不同的设计团队,每个设计团队都是由不同资源打包构成的设计资源种群,此时就存在多设计任务下多云设计资源取用的问题。

假设市场上有设计团队,分别是汽车概念设计设计团队 A 和空调概念设计设计团队 B。同时,市场上有两类云设计任务,分别是电视机概念设计任务 X 和洗衣

机概念设计任务 Y。A 和 B 均有能力完成 X 和 Y，而且为了维护和发展市场竞争地位，A，B 必须在 X，Y 两类任务中都要展开竞争。A 在完成 X 任务时具有优势，设计资源的损耗率较低，具有较低的 R^* 值，为每年 15 单位，而在 Y 任务方面不具有竞争优势，R^* 值较高，为每年 20 单位。B 在 X 任务方面的 R^* 值为每年 19 单位，而在 Y 任务方面由于具有竞争优势，R^* 值为每年 18 单位。

由于 X 任务的复杂性较高，因此 X 任务所需的工时多于 Y 任务。对于 A，完成 X 任务需要 16 个工作日，完成 Y 任务需要 8 个工作日（X，Y 任务可以同时进行）。对于 B，完成 X 任务需要 14 个工作日，完成 Y 任务也需要 8 个工作日。

在这种情形下，A 任务完成向量 $\boldsymbol{C}_A$ 的斜率为 2，B 任务完成向量 $\boldsymbol{C}_B$ 的斜率为 7/4。A 的设计人员种群能够获取较多地对其限制较大的云设计任务 Y，而 B 的设计人员种群能够较多地获取对其限制较大的云设计任务 X。在这种情形下，两个设计人员种群的竞争结果取决于任务的供应点，但是两个资源种群有实现共存的可能。

当任务的供应点为（25，27）时，A，B 两个的设计人员种群都能够获得足够的任务，实现共存。此时的初始供应点位于图 5-9 的④区域。

5.5　本章小结

本章分析了设计资源在不同生态位上其相互间关系优化的类型，包括基本不相关型、竞争主导型、竞合型和合作主导型。并在此基础上借鉴 Logistic 模型、Lotka-Volterra 模型和 Tilman 资源竞争模型对不同条件下的云设计资源的取用进行了分析和实例应用。

附　　录

附录 A　云设计资源生态因子构成分析调查问卷

尊敬的女士/先生:您好!

XXXX公司近期业务快速发展,现拟筹备研发一款用于汽车遥控启动的车载控制系统。现面向该产品研发项目进行选拔,请填写下列问卷,选择你认为最符合自身情况的描述。本公司将根据收取问卷分析的结果,决定入围该项产品研发的组织或个体名单。问卷内容将保密封存,请放心填写。

题号	题项描述与选项
1	待完成任务预期完成时间与合同要求时间的比率 1 大于1.2　2 介于1.0至1.2　3 介于0.8至1.0　4 介于0.6至0.8　5 小于0.6
2	合同要求质量能够完全满足设计任务的质量要求 1 完全同意　2 基本同意　3 勉强同意　4 基本不认同　5 完全不认同
3	待完成任务预期花费成本与合同价格的比率 1 大于1.2　2 介于1.0至1.2　3 介于0.8至1.0　4 介于0.6至0.8　5 小于0.6
4	待完成任务预期完成工作量与合同规定完成工作量的比率 1 大于1.2　2 介于1.0至1.2　3 介于0.8至1.0　4 介于0.6至0.8　5 小于0.6
5	资源提供者预期价格与任务合同价格的比率 1 大于1.2　2 介于1.0至1.2　3 介于0.8至1.0　4 介于0.6至0.8　5 小于0.6
6	资源提供者预期通过完成该任务后能力可以得到极大的提升 1 完全同意　2 基本同意　3 勉强同意　4 基本不认同　5 完全不认同
7	资源提供者十分愿意对圆满完成该任务做出相应的承诺 1 完全同意　2 基本同意　3 勉强同意　4 基本不认同　5 完全不认同
8	资源提供者能够快速有效地进行信息沟通与协同工作 1 完全同意　2 基本同意　3 勉强同意　4 基本不认同　5 完全不认同

续表

题号	题项描述与选项
9	资源提供者能够对快速准确地找到解决任务难题的方法 1 完全同意　2 基本同意　3 勉强同意　4 基本不认同　5 完全不认同
10	设计资源在任务完成过程中从没出现失败或故障 1 完全同意　2 基本同意　3 勉强同意　4 基本不认同　5 完全不认同
11	资源提供者在完成任务过程中能够快速获取需求变化信息，并进行针对性的训练与提升 1 完全同意　2 基本同意　3 勉强同意　4 基本不认同　5 完全不认同
12	资源提供者在完成任务过程中能够通过学习获得快速成长 1 完全同意　2 基本同意　3 勉强同意　4 基本不认同　5 完全不认同
13	资源在完成任务过程中能够快速准确地响应服务需求 1 完全同意　2 基本同意　3 勉强同意　4 基本不认同　5 完全不认同
14	可以通过十分便捷的渠道快速获得设计资源 1 完全同意　2 基本同意　3 勉强同意　4 基本不认同　5 完全不认同
15	设计资源能够在完成任务过程中稳定持续地发挥功能 1 完全同意　2 基本同意　3 勉强同意　4 基本不认同　5 完全不认同
16	设计资源无法被其他资源替代 1 完全同意　2 基本同意　3 勉强同意　4 基本不认同　5 完全不认同
17	设计资源十分特别 1 完全同意　2 基本同意　3 勉强同意　4 基本不认同　5 完全不认同
18	设计资源极少且掌握在个别提供者手里 1 完全同意　2 基本同意　3 勉强同意　4 基本不认同　5 完全不认同
19	设计资源具有强大的信贷、营销等商业影响力 1 完全同意　2 基本同意　3 勉强同意　4 基本不认同　5 完全不认同
20	设计资源过去完成任务的成功率 1 100%　2 介于90%至100%　3 介于70%至90%　4 介于50%至70　5 小于50%
21	设计资源过去成功完成的任务具有极高的技术难度 1 完全同意　2 基本同意　3 勉强同意　4 基本不认同　5 完全不认同
22	资源提供者能够保持很高的沟通频率与更新速率 1 完全同意　2 基本同意　3 勉强同意　4 基本不认同　5 完全不认同

附录 B 云设计资源生态因子相关性（Pearson 系数）检验

		A1	A2	A3	A4	A5	A6	A7	A8	A9	A10	A11	A12	A13	A14	A15	A16	A17	A18	A19	A20	A21	A22
A1	Pearson	1	0.175	0.096	0.124	0.1	-0.16	-0.232	-0.041	0.142	0.012	0.242	0.033	0.096	-0.03	-0.04	-0.25	-0.17	-0.25	0.033	0.012	0.06	-0.09
	显著性		0.225	0.505	0.39	0.488	0.255	0.105	0.778	0.326	0.936	0.091	0.821	0.508	0.839	0.778	0.084	0.242	0.081	0.819	0.936	0.68	0.525
	N	50	50	50	50	50	50	50	50	50	50	50	50	50	50	50	50	50	50	50	50	50	50
A2	Pearson	0.175	1	0.081	-0.039	-0	-0.14	-0.056	-0.13	0.003	-0.21	0.025	0.108	0.142	0.211	-0.01	-0.17	-0.02	0.022	0.068	-0.07	0.071	-0.07
	显著性	0.225		0.575	0.786	0.975	0.33	0.702	0.368	0.982	0.152	0.861	0.455	0.324	0.141	0.966	0.245	0.869	0.88	0.641	0.627	0.622	0.648
	N	50	50	50	50	50	50	50	50	50	50	50	50	50	50	50	50	50	50	50	50	50	50
A3	Pearson	0.096	0.081	1	0.027	-0.13	0.204	0.02	-0.009	0.025	0.161	0.042	0.048	0.021	0.164	0.093	-0.02	-0.01	-0.11	0.267	-0.21	-0.101	-0.04
	显著性	0.505	0.575		0.855	0.36	0.155	0.888	0.948	0.865	0.263	0.773	0.742	0.887	0.255	0.519	0.893	0.928	0.439	0.061	0.143	0.484	0.8c1
	N	50	50	50	50	50	50	50	50	50	50	50	50	50	50	50	50	50	50	50	50	50	5C
A4	Pearson	0.124	-0.04	0.027	1	0.281	-0.1	0.02	-0.081	0.196	0.13	-0.21	-0.08	-0.1	-0.09	0.03	-0.23	-0.16	-0.11	0.333	0.05	-0.056	-0.18
	显著性	0.39	0.786	0.855		0.168	0.509	0.89	0.574	0.172	0.367	0.138	0.561	0.48	0.55	0.837	0.116	0.255	0.462	0.218	0.728	0.699	0.211
	N	50	50	50	50	50	50	50	50	50	50	50	50	50	50	50	50	50	50	50	50	50	50
A5	Pearson	0.1	-0	-0.13	0.281	1	-0.18	0.054	0.023	0.219	0.164	0.292	0.128	0.134	-0.29	-0.05	0.225	.312*	0.044	-0.1	0.053	0.058	0.101
	显著性	0.488	0.975	0.36	0.168		0.215	0.708	0.874	0.126	0.254	0.139	0.375	0.354	0.141	0.716	0.116	0.027	0.761	0.493	0.715	0.69	0.485
	N	50	50	50	50	50	50	50	50	50	50	50	50	50	50	50	50	50	50	50	50	50	50
A6	Pearson	-0.16	-0.14	0.204	-0.096	-0.18	1	0.136	0.119	-0.013	0.098	-0.13	0.039	0.194	0.228	0.113	0.073	-0.01	-0.15	-0.22	-0.16	0.045	0.063
	显著性	0.255	0.33	0.155	0.509	0.215		0.346	0.409	0.927	0.497	0.354	0.79	0.178	0.111	0.435	0.615	0.93	0.298	0.12	0.264	0.758	0.666
	N	50	50	50	50	50	50	50	50	50	50	50	50	50	50	50	50	50	50	50	50	50	50
A7	Pearson	-0.232	-0.056	0.02	0.02	0.054	0.136	1	0.118	0.168	-0.19	0.033	0.069	0.086	0.201	-0.01	0.313	0.236	-0.2	-0.06	-0.34	0.144	0.312
	显著性	0.105	0.702	0.888	0.89	0.708	0.346		0.414	0.245	0.198	0.818	0.632	0.555	0.162	0.956	0.127	0.099	0.176	0.667	0.115	0.317	0.187
	N	50	50	50	50	50	50	50	50	50	50	50	50	50	50	50	50	50	50	50	50	50	50
A8	Pearson	-0.041	-0.13	-0.009	-0.081	0.023	0.119	0.118	1	-0.133	0.05	0.235	0.131	0.232	0.172	0.086	0.035	0.082	0.12	0	0.081	-0.036	0.760**
	显著性	0.778	0.368	0.948	0.574	0.874	0.409	0.414		0.357	0.732	0.101	0.366	0.104	0.232	0.554	0.807	0.571	0.405	0.978	0.574	0.803	0
	N	50	50	50	50	50	50	50	50	50	50	50	50	50	50	50	50	50	50	50	50	50	50
A9	Pearson	0.142	0.003	0.025	0.196	0.219	-0.01	0.168	-0.133	1	0.018	0.007	0.011	-0.03	-0.07	0.256	0.135	0.15	-0.03	-0.08	0.355	-0.01	0.065
	显著性	0.326	0.982	0.865	0.172	0.126	0.927	0.245	0.357		0.9	0.963	0.94	0.865	0.654	0.073	0.351	0.299	0.839	0.573	0.081	0.943	0.654
	N	50	50	50	50	50	50	50	50	50	50	50	50	50	50	50	50	50	50	50	50	50	50
A10	Pearson	0.012	-0.21	0.161	0.13	0.164	0.098	-0.185	0.05	0.018	1	0.068	0.35	0.412	0.247	-0.07	0.028	0.016	0.095	-0.02	0.03	0.072	0.26
	显著性	0.936	0.152	0.263	0.367	0.254	0.497	0.198	0.732	0.9		0.64	0.083	0.113	0.084	0.645	0.848	0.91	0.512	0.911	0.837	0.618	0.068
	N	50	50	50	50	50	50	50	50	50	50	50	50	50	50	50	50	50	50	50	50	50	50
A11	Pearson	0.242	0.025	0.042	-0.212	0.292	-0.13	0.033	0.235	0.007	0.068	1	0.083	0.113	0.084	0.645	0.848	0.91	0.512	0.911	0.837	0.618	0.068
	显著性	0.091	0.861	0.773	0.138	0.139	0.354	0.818	0.101	0.963	0.64												
	N	50	50	50	50	50	50	50	50	50	50	50											

续　表

		A1	A2	A3	A4	A5	A6	A7	A8	A9	A10	A11	A12	A13	A14	A15	A16	A17	A18	A19	A20	A21	A22
A12	Pearson	0.033	0.108	0.048	-0.084	0.128	0.039	0.069	0.131	0	0.011	0.35	1	.888**	-0.07	0.085	0.106	0.182	-0.13	-0.06	-0.02	0.182	0.15
	显著性	0.821	0.455	0.742	0.561	0.375	0.79	0.632	0.366	1	0.94	0.083		0	0.613	0.559	0.463	0.207	0.353	0.662	0.891	0.207	0.297
	N	50	50	50	50	50	50	50	50	50	50	50	50	50	50	50	50	50	50	50	50	50	50
A13	Pearson	0.096	0.142	0.021	-0.102	0.134	0.194	0.086	0.232	0.051	-0.03	0.412	.888**	1	0.016	0.039	0.063	0.103	-0.12	-0.17	-0.09	0.085	0.272
	显著性	0.508	0.324	0.887	0.48	0.354	0.178	0.555	0.104	0.726	0.865	0.113	0		0.913	0.789	0.664	0.479	0.414	0.239	0.527	0.556	0.056
	N	50	50	50	50	50	50	50	50	50	50	50	50	50	50	50	50	50	50	50	50	50	50
A14	Pearson	-0.03	0.211	0.164	-0.087	-0.29	0.228	0.201	0.172	-0.152	-0.07	0.247	-0.07	0.016	1	0.045	0.081	0.087	-0.03	0.126	-0.23	-0.051	0.125
	显著性	0.839	0.141	0.255	0.55	0.141	0.111	0.162	0.232	0.291	0.654	0.084	0.613	0.913		0.754	0.576	0.55	0.857	0.382	0.114	0.727	0.388
	N	50	50	50	50	50	50	50	50	50	50	50	50	50	50	50	50	50	50	50	50	50	50
A15	Pearson	-0.04	-0.01	0.093	0.03	-0.05	0.113	-0.008	0.086	-0.144	0.256	-0.07	0.085	0.039	0.045	1	0.114	0.207	0.036	0.021	-0.03	0.09	-0.02
	显著性	0.778	0.966	0.519	0.837	0.716	0.435	0.956	0.554	0.319	0.073	0.645	0.559	0.789	0.754		0.43	0.15	0.802	0.887	0.856	0.535	0.92
	N	50	50	50	50	50	50	50	50	50	50	50	50	50	50	50	50	50	50	50	50	50	50
A16	Pearson	-0.25	-0.17	-0.02	-0.225	0.225	0.073	0.313	0.035	0.197	0.135	0.028	0.106	0.063	0.081	0.114	1	.893**	0.101	-0.13	-0.01	-0.048	0.049
	显著性	0.084	0.245	0.893	0.116	0.116	0.615	0.127	0.807	0.171	0.351	0.848	0.463	0.664	0.576	0.43		0	0.485	0.368	0.972	0.741	0.733
	N	50	50	50	50	50	50	50	50	50	50	50	50	50	50	50	50	50	50	50	50	50	50
A17	Pearson	-0.17	-0.02	-0.01	-0.164	.312*	-0.01	0.236	0.082	0.12	0.15	0.016	0.182	0.103	0.087	0.207	.893**	1	0.077	-0.07	0.04	0.045	0.075
	显著性	0.242	0.869	0.928	0.255	0.027	0.93	0.099	0.571	0.405	0.299	0.91	0.207	0.479	0.55	0.15	0		0.595	0.634	0.783	0.758	0.603
	N	50	50	50	50	50	50	50	50	50	50	50	50	50	50	50	50	50	50	50	50	50	50
A18	Pearson	-0.25	0.022	-0.11	-0.106	0.044	-0.15	-0.195	0.12	-0.105	-0.03	0.095	-0.13	-0.12	-0.03	0.036	0.101	0.077	1	0.018	0.271	-0.228	0.059
	显著性	0.081	0.627	0.439	0.462	0.761	0.298	0.176	0.405	0.469	0.839	0.512	0.353	0.414	0.857	0.802	0.485	0.595		0.901	0.057	0.111	0.683
	N	50	50	50	50	50	50	50	50	50	50	50	50	50	50	50	50	50	50	50	50	50	50
A19	Pearson	0.033	0.068	0.267	0.333	-0.1	-0.22	-0.062	-0.004	0.084	-0.08	-0.02	-0.06	-0.17	0.126	0.021	-0.13	-0.07	0.018	1	-0.26	-0.044	-0.1
	显著性	0.819	0.641	0.061	0.218	0.493	0.12	0.667	0.978	0.563	0.573	0.911	0.662	0.239	0.382	0.887	0.368	0.634	0.901		0.066	0.761	0.498
	N	50	50	50	50	50	50	50	50	50	50	50	50	50	50	50	50	50	50	50	50	50	50
A20	Pearson	0.012	-0.07	-0.21	0.05	0.053	-0.16	-0.342	0.081	-0.089	0.355	0.03	-0.02	-0.09	-0.23	-0.03	-0.01	0.04	0.271	-0.26	1	0.076	-0
	显著性	0.936	0.627	0.143	0.728	0.715	0.264	0.115	0.574	0.538	0.081	0.837	0.891	0.527	0.114	0.856	0.972	0.783	0.057	0.066		0.601	0.988
	N	50	50	50	50	50	50	50	50	50	50	50	50	50	50	50	50	50	50	50	50	50	50
A21	Pearson	0.06	0.068	-0.1	-0.056	0.058	0.045	0.144	-0.036	0.111	-0.01	0.072	0.182	0.085	-0.05	-0.09	-0.05	0.045	-0.23	-0.04	0.076	1	-0.02
	显著性	0.68	0.622	0.484	0.699	0.69	0.758	0.317	0.803	0.442	0.943	0.618	0.207	0.556	0.727	0.535	0.741	0.758	0.111	0.761	0.601		0.919
	N	50	50	50	50	50	50	50	50	50	50	50	50	50	50	50	50	50	50	50	50	50	50
A22	Pearson	-0.09	-0.07	-0.04	-0.18	0.101	0.063	.312*	.760**	-0.086	0.065	0.26	0.297	0.056	0.388	0.92	0.733	0.603	0.683	-0.1	-0	-0.015	1
	显著性	0.525	0.618	0.801	0.211	0.485	0.666	0.027	0	0.554	0.654	0.068	0.297	0.056	0.388	0.92	0.733	0.603	0.683	0.498	0.988	0.919	
	N	50	50	50	50	50	50	50	50	50	50	50	50	50	50	50	50	50	50	50	50	50	50

*. 在 0.05 水平（双侧）上显著相关。

**. 在 0.01 水平（双侧）上显著相关。

参 考 文 献

[1] Xun Xu. From cloud computing to cloud manufacturing[J]. Robotics and Computer Integrated Manufacturing,2012,28:75-86.

[2] Ripeanu M, Foster L, lamnitchi A. Mapping the Gnurella Network: Properties of Large-Scale Peer-to-peer Systems and Implications for System Design[J]. IEEE Internet Computing Journal,Special issue on Peer-peer Networking, 2009,6(1):12-24.

[3] Saroiu S, Gummadi P K, Gribble S D. A Measurement Study of Peer-to-Peer File Sharing Systems [C]. Multimedia Computing and Networking Conference, San Jose, CA, 2002:345-362.

[4] 张倩,齐德昱.面向服务的云制造协同设计平台[J].华南理工大学学报:自然科学版,2011(12): 75-81.

[5] Wemerfelt B. A resource-based view of the rm[J]. Strategic Management Joumal,1984,5(2):171-180.

[6] Barney J. Strategic factor markets:Expectations,luck,and business strategy [J]. Management Science, 1986,32(10):1231-1241.

[7] Grant R. The resource-based theory of competitive advantage:Implication for strategy formulation[J]. California Management Review,1991,33(3):114-135.

[8] Smith A D, Rupp W T. Application service providers(ASP):moving downstream to enhance competitive advantage [J]. Information Management and Computer Security, 2002, 10(2/3):64-72.

[9] Tao Fei, Hu Yefa, Zhou Zude. Study on manufacturing grid & its resource service optimal selection system [J]. International Journal of Advanced Manufacturing Technology,2008,37(9/10):1022-1041.

[10] Fanys, Zhao D Z, Zhang L Q, et al. Manufacturing grid needs,concept and architecture[C]. Proceedings of the 2nd International Workshop on Grid and Cooperative Computing. Berlin, Germany: Springer, 2003:653-656.

[11]   Newman S T，Nasseh I A，Xu X W，et al. Strategic advantages of in teroperability for global manufacturing using CNC technology［J］. Robotics and Computer Integrated Manufacturing，2008，24（6）：699 － 708.

[12]   范玉顺，等. 网络化制造和制造网络［J］. 中国机械工程，2004（19）：1733 － 1738.

[13]   Konstantions I K，Helen D K. Resource Discovery in a dynamical grid based on Re － routing Tables ［J］. Simulation Modelling Practice and Theory，2008，16：704 － 720.

[14]   Eric Miller. An introduction to the resource description framework［J］. Bulletin of the American Society for Information Science，1998，10/11：15 － 19.

[15]   王正成，黄洋. 面向服务链构建的云制造资源集成共享技术研究［J］. 中国机械工程，2012，23（11）：1324 － 1331.

[16]   Borja Sotomayor，Montero Ruben S，Llorente Ignacio M，et al. An open source solution for virtual infrastructure management in private and hybrid cloud［J］. IEEE Internet Computing，2009，7：1 － 11.

[17]   盛步云，李永锋，丁毓峰，等. 制造网格中制造资源的建模［J］. 中国机械工程，2006，17（13）：1375 － 1380.

[18]   姚倡锋，张定华，卜昆，等. 复杂零件协同制造任务信息模型及建模方法［J］. 计算机集成制造系统，2009，15（1）：47 － 52.

[19]   孙卫红，冯毅雄. 基于本体的制造能力 P － P － R 建模及其映射［J］. 南京航空航天大学学报，2010，42（2）：215 － 218.

[20]   Buyyaa R，Chee S Y，Srikumar V，et al. Cloud computing and emerging IT platforms：vision，hype，and reality for delivering computing as the 5th utility［J］. Future Generation Computer Systems，2009，25（6）：599 － 616.

[21]   Luis M V，Luis R M，Caceres J，et al. A break in the clouds：towards a cloud definition［J］. ACM SIGCOMM Computer Communication Review，2009，39（1）：50 － 55.

[22]   onstantinos I K，Helen D K. Resource Discovery in a dynamical grid based on Re － routing Tables ［J］. Simulation Modelling Practice and Theory，2008，16：704 － 720.

[23]   Kong Linghe，Wu Minyou. IOT or CPS［J］. Communications of the China

Computer Federation，2010，6(4)：8－17.

[24] Rosenblum M，Garfinkel .T. Virtual machine monitors current technology and future trends[J]. IEEE Computer，2005，38(5)：39－47.

[25] Sanya T，TA Kahiro K，Kenji K，et al. A time－to－live based reservation algorithm on fully decentralized resource discovery in Grid computing [J]. Parallel Computing，2005，31：529－543.

[26] 贺文锐，秦忠宝，何卫平.基于功能语义扩展的网络化制造环境下的资源发现研究[J].中国机械工程，2005，16(11)：974－978.

[27] 王国庆，王刚，吕民，等.基于网格的应用服务提供商平台加工资源共享方法研究[J].计算机集成制造系统，2007，13(2)：350－355.

[28] Lopez－Ortega O，Ramirez M. A Step－based manufacturing information system to share flexible manufacturing resources data[J]. Journal of Intelligent Manufacturing，2005，26(16)：32－38.

[29] Carlo Mastroianni，Domenico Talia，Oreste Verta. A super－peer model for resource discovery servicesin large－scale Gridsp[J]. Future Generation Computer Systems，2005(2†)：1235－1248.

[30] Javier Espadas，Arturo Molina，Guillermo Jiménez，et al. Atenant based resource allocation model for scaling Software－as－a－Service application sover cloud computing in frastructures[J]. Future Generation Computer Systems，2013(29)：273－286.

[31] 袁文成，朱怡安，陆伟.面向虚拟资源的云计算资源管理机制[J].西北工业大学学报，2010(5)：704－708.

[32] Blei D M，Ng A Y，Jordan M I. Latent dirichlet allocation[J].Journal of Machine Learning Research，2003，3（3)：993－1022.

[33] Guiyi Wei，Vasilakos Athanasios V，Yao Zheng，et al. A game－theoretic method of fair resource allocation for cloud computing services[J]. J of Supercomput，2010(54)：252－269.

[34] Daniel Warneke. Exploiting Dynamic Resource Allocation forEfficient Parallel Data Processing in theCloud [J]. Transactions on Parallel and Disteibuted Systems，2011，22(6)：986－999.

[35] Anton Beloglazov，Jemal Abawajy，Rajkumar Buyya. Energy aware resource allocation heuristics for efficient management of data centers for Cloud computing [J]. Future Generation Computer Systems，2012(28)：

755 - 768.

[36] Buyya R，Yeo C S，Venugopal S. Market - oriented cloud computing：vision，hype，and reality for delivering IT services as computing utilities ［C］. Proc of the 10th IEEE International Conference on High Performance Computing and Communications. 2008：5 - 13.

[37] Breiter G，Behrendt M. Life cycke and characteristics of services in the world of cloud computing[J]. IBM Journal of Resarch and Development，2009，53(4)：1 - 8.

[38] 李伯虎,张霖,王时龙,等.云制造——面向服务的网络化制造新模式[J].计算机集成制造系统,2010，16(1)：1 - 7.

[39] 李伯虎,张霖,等.再论云制造[J].计算机集成制造系统,2011(3)：1 - 7.

[40] Zhang L J，Chang C K，Grossman R. Keynote Panel，Business Cloud：Bringing The Power of SOA and Cloud Computing ［C］. IEEE International Conference on Services computing，2008：344 - 356.

[41] Zhang Liangjie，Zhou Qun. CCOA：Cloud Computing Open Architecture ［C］. IEEE International Conference on Web Service，2009：607 - 616.

[42] Fei Tao，Ye Fahu，Zu Dezhou. Study on manufacturing grid & its resource service optimal - selection system ［J］. International of Advanced Manufacturing technology，2008(37)：1022 - 1041.

[43] 任磊,张霖,等.云制造资源虚拟化研究[J].计算机集成制造系统,2011(3)：511 - 518.

[44] 李伟平,等.云制造中的关键技术分析[J].制造业自动化,2011(1)：7 - 10.

[45] 杨海成.云制造是一种制造服务[J].中国制造业信息化,2010,40(3)：22 - 23.

[46] 尹胜,尹超,等.云制造环境下外协加工资源集成服务模式及语义描述[J].计算机集成制造系统,2011，(3)：525 - 532.

[47] Browning T R，Yassine A A. Resource - cinstrained Multi - project Scheduling：Priority Rule Performance Revisited[J]. International Joutnal of Production Economics,2010,126(2)：212 - 228.

[48] Shen Weiming，Francisco Maturana. MetaMorph：an agent - based architecture for distributed intelligent design and manufacturing ［J］. Journal of Intelligence Manufacturing,2000(11)：237 - 251.

[49] Thomas Kven. Collaborative design：what is it? ［J］. Automation in

Construction，2000(9)：409－515.

[50]　Wang Fujun，Mills John J，Venkat Devarajan. A conceptual approach managing design resource[J]. Computor in Industry，2002(47)：169－183.

[51]　Regli W C，Cicirello V A. Managing digital libraries for computer aided design[J]. Comper aided Design，2000,32(2)：119－132.

[52]　X William Xu，Tony Liu. A web－enabled PDM system in collaborative design environment[J]. Manufacutring,2003,19(4)：315－328.

[53]　Kari Alho,et al. Process Enactment Support in a distribute environment [J]. Computer in industry，1996，129(1)：5－13.

[54]　Perks H，Cooper R，Jones C. Characterizing the role of design in new product development：an empirical taxonomy[J]. Journal of Product Innovation Management,2005,22(2)：111－127.

[55]　Rena Z，Anumbab C J，Yangc F. Development of CDPM matrix for the measurement of collaborative design performance in construction [J]. Automation in Construction，2013,32(7)：14－23.

[56]　马海群,吕红. 网络信息资源评价指标体系及其动态模糊评价模型构建研究 [J]. 情报科学，2011(2)：166－121.

[57]　Semih önüt，Umut Rifat Tuzkaya，Narthan Saadet. Multiple criteria evaluation of current energy resources for Turkish manufacturing industry [J]. Energy Conversion and Management，2008,49(6)：1480－1492.

[58]　Engwalla M,Jerbrantb A. The Resource Allocation Syndrome：the Prime Challenge of Multi－project Management[J]. International Journal of Project Management,2003(3)：400－420.

[59]　杨育,等. 协同产品创新设计优化中的多主体冲突协调[J]. 计算机集成制造系统,2011(1)：1－9.

[60]　刘晓敏,檀润华,姚立纲. 产品创新概念设计集成过程模型应用研究[J]. 机械工程学报,2008，44(9)：154－162.

[61]　李光锐,等. 广义设计资源模式下的新产品协同设计任务与资源匹配方法 [J]. 中国机械工程,2012(7)：810－815.

[62]　李振方,苟秉宸,卢凌舍. 基于云计算的网络化工业设计系统新模式：云设计 [J]. 计算机与现代化,2013,7.

[63]　郑镁,罗磊,江平宇. 基于语义 Web 的云设计服务平台及关键技术[J]. 计算

机集成制造系统,2012,18(7):1426 - 1434.

[64] Bowonder B. teclnology management:knowledge ecology perspective[J]. Int. J. Technology Management,2000,19(7/8):644 - 683.

[65] 黄鲁成,等.管理新视角——高新区健康评价研究的生态学分析[J].科学学与科学技术管理,2007(3):5 - 9.

[65] 颜爱民.企业生态位评价指标及模型构建研究[J].科技进步与对策,2007(7):156 - 160.

[67] 沈勋丰,胡剑锋.企业网络的种群生态学模型[J].科技进步与对策,2007(8):61 - 63.

[68] He Bin,Feng Pei'en,Pan Shuangxia. Research on cornplex product active evolutionary design methods based on biology invasive engineering[J]. Journal of Information and Computational Science,2004,1(1):41 - 45.

[69] Qiu L,Kork S C,Chen C H, et al. onceptual design using evolution strategy [J]. The International Journal of Advanced Manufacturing Technology,2002,20(9):83 - 691.

[70] Manenti P. Building the global cars of the future [J]. Managing Automation,2011,26(1):8 - 14.

[71] 陶飞,张霖,等.云制造特征及云服务组合关键问题研究[J].计算机集成制造系统,2011,3:477 - 476.

[72] 张霖,罗永亮.制造云构建关键技术研究[J].计算机集成制造系统,2010,11:2510 - 2520.

[73] Huang G Q,Zhang Y F,Jiang P Y. RFID - based wireless manufacturing for walking - worker assembly islands with fixed - position layouts[J]. International Journal of Robotics and Computer Integrated Manufacture,2007,23(4):469 - 77.

[74] Huang G Q,Wright P K,Newman ST. Wireless manufacturing:a literature review,recent developments and case studies[J]. International Journal of Computer Integrated Manufacturing,2009,22(7):1 - 16.

[75] Matson K D,Ricklefs R E,Klasing K C. A hemolysis - hemagglutination assay for characterizing constitutive innate humoral immunity in wild and domestic birds[J]. Developmental and Comparative Immunology,2005(29):275 - 286.

[76] McConnell M,Burger L W. Precision conservation:A geospatial decision

support tool for optimizing conservation and profitability in agricultural landscapes[J]. Joumal of soil and water conservation,2011(66):347 – 354.

[77]   Smith Ericp. Niche breadth resource availability and inference[J]. Ecology,1982,63(6):1675 – 1681.

[78]   常杰,等. 生态学[M]. 3 版. 北京:高等教育出版社,2010.

[79]   陶毅. 理论生态学[M]. 北京:高等教育出版社:2009.

[80]   林文雄. 生态学[M]. 北京:科学出版社,2013.